In allen Fällen vermittelt das Gehäuse zwischen einem Ensemble im Inneren, sei es nun ein Wohnraum, ein technisches Arrangement oder die Weichteile eines Organismus, und einer Umwelt, in welche sich dieses einbettet und innerhalb derer es zur Wirkung kommt. In den seltensten Fällen sind Gehäuse allerdings bloße Grenze von Innen- und Außenraum, sondern oft funktionaler Bestandteil des Gesamtgefüges.

*Bartz et al., „Zur Medialität von Gehäusen"[1]*

# Produktintegration etablierter Sensoren in Faserverbundkunststoffe

Von der Fakultät Werkstoffwissenschaft und Werkstofftechnologie
der Technischen Universität Bergakademie Freiberg

genehmigte

**DISSERTATION**

zur Erlangung des akademischen Grades

Doktoringenieurin

Dr.-Ing.

vorgelegt von

MSc. Linda Klein

geboren am 17.11.1983 in Heppenheim (Bergstraße)

Gutachter: Prof. Dr.rer.nat. Yvonne Joseph, Freiberg

Prof. Dr.-Ing. Matthias Kröger, Freiberg

Tag der Verleihung: 19.03.2021

Institut für Elektronik- und Sensormaterialien

2021

Bibliografische Information der Deutschen Nationalbibliothek: Die Deutsche Nationalbibliothek verzeichnet diese Publikation in der Deutschen Nationalbibliografie; detaillierte bibliografische Daten sind im Internet über dnb.dnb.de abrufbar.

©2021 Linda Klein
Herstellung und Verlag: BoD – Books on Demand, Norderstedt

ISBN: 9783754327692

# Vorwort

Diese Doktorarbeit entstand am Institut für Elektronik- und Sensormaterialien der TU Bergakademie Freiberg, neben meiner Berufstätigkeit als Entwicklungsingenieurin bei der Robert Bosch GmbH.

Mein außerordentlicher Dank gilt Frau Prof. Dr. rer. nat. Yvonne Joseph für die Betreuung und die gute wissenschaftliche und methodische Unterstützung. Besonders herauszustellen ist ihre wertschätzende und motivierende Art. Sie hat mir viele Impulse für die Arbeit gegeben. Bei Herrn Prof. Dr.-Ing. Matthias Kröger bedanke ich mich für die Übernahme des Zweitgutachtens und für die gute Zusammenarbeit und die fachlichen Diskussionen beim Komponententest.

Mein weiterer Dank gilt meinen Vorgesetzten bei der Robert Bosch GmbH, Friedrich Boecking, Siegfried Ruthard, Dr. Gernot Repphun, Dr. Martin Giersbeck, Martin Beyer und Dr. Carsten Tüchert. Ohne die Unterstützung und das mir entgegengebrachte Vertrauen wäre die Anfertigung dieser Arbeit neben meiner beruflichen Tätigkeit nicht möglich gewesen. Für den fachlichen Beistand danke ich Daniel Schönfeld, Dr. Christian Kehl, Dr. Rainer Lützeler, Marcio Trombin, Andreas Kugler, Armin Uetz, Markus Keuser, Benjamin Petri, Dr. Veronika Kollas und Dr. Enno Lorenz. Bei Moritz Gräebener, Simon Matthäus, Nikolai Sailer, Stephen John und Tobias Uphaus bedanke ich mich für die guten studentischen Arbeiten.
Aus meinem persönlichen Umfeld gilt mein spezieller Dank Joachim Strauch, Anke Kreis und Carla Cimatoribus. Nicht zuletzt hat die uneingeschränkte Unterstützung meiner Familie zu der Entstehung dieser Arbeit beigetragen. Dafür bin ich meinen Eltern Christine Klein und Lothar Klein sowie meinen Geschwistern Daniel Klein und Esther Geradeau sehr dankbar. Von ganzem Herzen danke ich meinem Partner Christian Wogatzke für seine Geduld, für das Mutmachen und für seinen kritischen Blick auf die Dinge. Er hat immer hinter mir gestanden. Diese Arbeit war auch unser gemeinsames Projekt.

# Zusammenfassung

Die Funktionalisierung von Produkten gewinnt branchenübergreifend an Bedeutung. Dabei kommen unterschiedliche Sensortechnologien zum Einsatz. Die Anzahl an Sensoren in einem Produkt steigt und die Sensorsysteme werden komplexer. Das verlangt nach kompakten effizienten Lösungen. Vor diesem Hintergrund wird die direkte Integration von Sensoren in Produkte unabdingbar.

Die vorliegende Arbeit zeigt einen Ansatz auf, mit dem technologisch etablierte Sensoren in Kompositstrukturen integriert werden können. Durch die Verwendung etablierter Sensoren reduziert der neuartige Integrationsansatz den Entwicklungsaufwand enorm. Die Neuentwicklung eines Sensors entfällt. Dabei muss das Sensierverhalten nicht von Grund auf validiert werden. Am Beispiel der Crashsensierung erfolgt die Integration eines Automobilsensors in eine Faserverbundstruktur. Nach dem Stand der Technik wird der Sensor an die metallische Fahrzeugstruktur angeschraubt. Bei der realisierten sensorintegrierten Struktur sind die Bauteilqualität und die Strukturmechanik ein Fokus. Außerdem wird untersucht, ob die sensorintegrierte Struktur die Primärfunktion der Crashsensierung erfüllt. Zusätzlich wird der integrierte Sensor auch für eine Sekundärfunktion herangezogen. Neben der Crashsensierung dient der Automobilsensor im vorliegenden Anwendungsbeispiel der Zustandsdetektion seiner umgebenden Struktur. Somit schafft die Integration einen wesentlichen Mehrwert gegenüber der etablierten Montage.

Insgesamt zeigt die Arbeit eine wegweisende Grundlage zur branchenübergreifenden Sensorintegration bei Produkten auf. Die Anwendbarkeit des Integrationsansatzes ist neben Faserverbund- oder Kompositstrukturen bei einer Vielzahl von Produkten möglich. Darüber hinaus sind unterschiedliche technologisch etablierte Sensoren mit dem Ansatz verwendbar. Die Umsetzung von Sekundärfunktionen erweitert potentiell das Einsatzspektrum der Sensoren. Mögliche Anwendungsfelder für den Integrationsansatz sind unter anderem Produkte im Kontext von IoT, Industrie 4.0 und Alltagsmanagement.

# Abstract

The functionalization of products becomes more important in all sectors of business and industry. Thereby different sensor technologies are used. The number of sensors in a product rises and sensor systems become more complex. This demands compact efficient solutions. With that in mind, the direct integration of sensors in products becomes indispensable.

The present work demonstrates an approach, which enables the integration of technological established sensors into composite structures. By the use of established sensors, the novel integration approach vastly reduces the development effort. The new development of a sensor is omitted. Thereby the sensing behavior must not be validated from scratch. By the example of the crash sensing, the integration of an automotive sensor into a fiber-reinforced structure is carried out. According to the state-of-the-art, the sensor is mounted to the metallic vehicle structure. For the realized sensor-integrated structure, one focus is the component quality and the structural mechanics. Moreover, it is examined whether the sensor-integrated structure fulfils the primary feature of the crash sensing. Additionally, the integrated sensor is used for a secondary feature. In the present example of application besides the crash sensing, the automotive sensor serves for the condition monitoring of its surrounding structure. Thus, the integration offers an essential benefit over the established mounting.

Overall, the work indicates a basis for the sensor integration in products in all sectors of business and industry. Besides fiber-reinforced structures or composite structures, the integration approach is applicable for a number of products. Furthermore, different technological established sensors can be used by the approach. The realization of secondary features potentially extends the application range of the sensors. Possible application domains for the integration approach are products in the context of IoT, industry 4.0 and everyday management.

# Abkürzungen

In dieser Arbeit sind Formelzeichen direkt bei ihrer Verwendung definiert. Falls nicht anders vermerkt, werden SI-Einheiten verwendet.

**ASIC**  Application-Specific Integrated Circuit

**CFK**  Carbonfaserverbundkunststoff

**CNT**  Carbonanotubes

**CT**  Computertomographie

**CVM**  Comparative Vacuum Monitoring

**DEA**  Dielektrische Analyse

**DC-Analyse**  Direkte Spannungsanalyse

**DFT**  Diskrete Fourier Transformation

**DMS**  Dehnmessstreifen

**DSC**  Differential Scanning Calorimetry

**FBG**  Faser-Bragg-Gitter

**FEF**  Fringing-Electric-Field

**FEM**  Finite-Elemente-Methode

**FFT**  Fast Fourier Transformation

**FOS**  Faseroptische Sensoren

**FVG**  Faservolumengehalt

**FVK**  Faserverbundkunststoff

**GFK**  Glasfaserverbundkunststoff

**IoT**   Internet of Things

**LF**   Luftfeuchte

**LSB**   Least Significant Bit

**MEMS**   Mikroelektromechanisches System

**PI**   Polyimid

**PSI5**   Peripheral Sensor Interface 5

**REM**   Rasterelektronenmikroskopie

**RFID**   Radio-Frequency Identification

**RTM**   Resin Transfer Molding

**SD**   Standard Deviation (Standardabweichung)

**SHM**   Structural Health Monitoring

**SMD**   Surface Mounted Device

**SPI**   Serial Peripheral Interface

# Inhaltsverzeichnis

# Kapitel 1

# Einleitung

Produkte werden branchenübergreifend immer funktionaler. Eine wesentliche Umsetzung der Funktionalisierung erfolgt über den Einsatz von Sensortechnologien. Eine Herausforderung dabei ist die steigende Anzahl an Sensoren bei einem Produkt, obwohl der Bauraum begrenzt ist. Außerdem werden die Sensorsysteme immer komplexer und der Logistik- und Montageaufwand steigt. Ein Lösungsansatz ist die Integration der Sensoren in das Produkt. Das Zusammenführen von Sensor und Produkt ermöglicht eine platzsparende Lösung, die die Prozesskette bei der Herstellung verkürzt.

Diese Doktorarbeit befasst sich mit einer Thematik im Umfeld der Sensorintegration in faserbasierte Kompositstrukturen. Konventionell werden dazu Sensoren, die für eine Funktion erforderlich sind, in der Regel speziell für die Integration entwickelt. Die Zielsetzung dieser Arbeit ist ein alternativer Ansatz. Es wird ein technologisch etablierter Sensor zur Integration in Kompositstrukturen genutzt. Die Herstellungstechnologie und die Geometrie der integrierten Struktur müssen dazu zwar angepasst werden, jedoch ist der etablierte Sensor ohne eine Neuentwicklung einsetzbar. Der Sensor ist zum Erfüllen einer Funktion bereits kommerziell verfügbar. Die robuste Sensierfunktion ist bereits validiert, was den sensorseitigen Entwicklungsaufwand enorm reduziert. Die Funktionalisierung von Kompositstrukturen kann dadurch effizient erfolgen.

## 1.1 Motivation

Als ein Anwendungsbeispiel für den gewählten Ansatz erfolgt die Integration eines technologisch etablierten Automobilsensors der Crashsensierung in eine Struktur aus Faserverbundkunststoff (FVK). FVK-Strukturen sind mit dem Automobilleichtbau als ein Kompositmaterial in den Fokus gerückt. Der schichtweise Aufbau dieser Strukturen ist gut geeignet, um Komponenten zu integrieren. Die Sensorintegration kommt dem Trend entgegen, dass die Anzahl an Funktionen und Sicherheitsanforderungen beim Automobil steigt, wodurch zunehmend mehr Sensoren zum Einsatz kommen. Ein Automobil der Mittelklasse besitzt heute durchschnittlich mehr als 100 Sensoren [2]. Durch die Integration dieser technologisch etablierten Sensoren in die FVK-Struktur leitet sich folgender Nutzen ab:

- Technologisch etablierte Sensoren können bei FVK-Strukturen eingesetzt werden. Das vermeidet Probleme, die mit klassischen Montagetechnologien entstehen (siehe Abschnitt 2.3).

- Für etablierte Sensorkonzepte besteht für Fahrzeuge in Faserverbundbauweise kein Entwicklungsbedarf an neuen speziell integrierbaren Sensoren.

- Es verringert sich die Anzahl an einzelnen montierten Sensoren und die Verkabelung beim Automobil, was Gewicht und Platz spart. Der Kraftstoffverbrauch wird reduziert oder bei batterieelektrisch betriebenen Fahrzeugen steigt die Reichweite.

- Es können mehrere Sensierfunktionen gekoppelt werden, was nur bedingt über montierte Sensoren, Stecker und Kabelbaumsysteme umsetzbar ist. Bei den Sensorkonzepten am Fahrzeug ist eine höhere Komplexität möglich.

Für die Crashsensierung wird als ein Fokus der vorliegenden Arbeit evaluiert, ob das korrekte Funktionsverhalten auch mit dem Sensor als strukturintegrierte Komponente gegeben ist. Denn bei der Sensierung können veränderte Eigenschaften der Verbindungsstelle die Übertragung des Crashsignals von der Struktur zum Sensor beeinflussen.

Für lasttragende Fahrzeugstrukturen in Faserverbundbauweise ist Carbonfaserverbundkunststoff (CFK) geeignet. Er hat eine geringe Dichte bei einer hohen spezifischen Steifigkeit. Durch die hohe spezifische Energieaufnahme eignet sich CFK sehr gut für energieabsorbierende Baugruppen, wie Schweller oder Crashboxen. Der Aufwand bei der Herstellung von CFK-Strukturbauteilen ist aber relativ hoch. Die Beschäftigung mit serientauglichen effizienten Fertigungstechnologien für CFK-Bauteile steht daher bereits seit längerem im Fokus [3]–[15]. Der vorliegende Ansatz kommt dem Mehraufwand bei CFK-Strukturen auf eine andere Weise entgegen. Denn als zweiter Fokus dieser Arbeit wird durch die Integration des technologisch etablierten Sensors ein Mehrwert beim FVK-Bauteil angestrebt. Der Automobilsensor soll neben der Primärfunktion der Crashsensierung die Sekundärfunktion der Zustandsdetektion seiner umgebenden Struktur erfüllen. Die Zustandsdetektion ist bei FVK-Strukturen wichtig, da insbesondere innere Schäden oft schwer erkennbar sind. Die Integration des Sensors kann somit eine zusätzliche und wesentliche Sicherheitsfunktion bei zukünftigen FVK-Fahrzeugstrukturen ermöglichen, ohne dass zusätzliche Sensoren eingesetzt werden müssen. Vor dem Hintergrund kurzer Entwicklungszeiten und einem hohen Kostendruck ist das Anwendungsbeispiel wegweisend für den Automobilleichtbau in Faserverbundbauweise.

## 1.2 Ziel und inhaltlicher Aufbau

Das übergeordnete erste Ziel dieser Arbeit ist der Nachweis, dass der technologisch etablierte Automobilsensor seine Primärfunktion auch als integrierter Teil der FVK-Struktur erfüllt. Außerdem soll als zweites Ziel der Einsatz des Sensors auf die Zustandsdetektion der umgebenden Struktur erweitert werden. Das Vorgehen der Arbeit untergliedert sich in folgende Teilziele:

- Der technologisch etablierte Sensor wird an die metallische Fahrzeugstruktur angeschraubt. Um ihn für die Integration in eine FVK-Struktur kompatibel zu machen, wird er aufbauend auf dem Stand der Technik angepasst.

- Zur Herstellung der sensorintegrierten Struktur wird eine Integrationstechnologie entwickelt. Der Serientransfer für eine breite Anwendung der Sensorintegration wird dabei berücksichtigt.

- Für den Nachweis der technologischen Machbarkeit des Integrationsansatzes, werden die Struktureigenschaften und die Funktionseigenschaften der sensorintegrierten Struktur analysiert.

- Die angestrebte Sekundärfunktion ist bei der eigentlichen Verwendung des Sensors nicht vorgesehen. Als Neuerung wird eine Methode erarbeitet, um den Sensor als integrierte Komponente für die Zustandsdetektion bei FVK-Strukturen einzusetzen.

Die Arbeit ist in acht Kapitel untergliedert. In Kapitel 2 wird der Stand von Wissenschaft und Technik aufgezeigt. Vor diesem Hintergrund wird in Kapitel 3 die Ausführung der Sensorintegration beschrieben. Das umfasst die Anpassung des Automobilsensors und die Entwicklung der Integrationstechnologie. Die Struktureigenschaften werden in Kapitel 4, die Funktionseigenschaften werden in Kapitel 5 analysiert. Dann wird in Kapitel 6 untersucht, ob die integrierte Struktur die Primärfunktion der Crashsensierung erfüllt. Kapitel 7 befasst sich mit der Methode zur Zustandsdetektion als Sekundärfunktion des Automobilsensors. In Kapitel 8 erfolgt eine abschließende Bewertung und es werden mögliche Anwendungsfelder für den Integrationsansatz aufgezeigt.

# Kapitel 2

# Stand von Wissenschaft und Technik

## 2.1 Verwendete Technologien

Der Ansatz der Sensorintegration basiert auf zwei Technologien, die nach dem Stand der Technik eingesetzt werden: Der technologisch etablierte Automobilsensor und ein Strukturbauteil in Faserverbundbauweise.

### 2.1.1 Der Automobilsensor

Typische physikalische Messgrößen beim Automobil sind die Geschwindigkeit, die Beschleunigung, die Winkelverschiebung, die Temperatur und der Druck [16]. Dazu dienen unterschiedliche Sensortypen. Für das Anwendungsbeispiel zum Integrationsansatz dieser Arbeit wird ein Beschleunigungssensor verwendet. Er ist Teil der Crashsensierung, für die unterschiedliche Sensortypen kombiniert und am Fahrzeug angeordnet sind (Abbildung 2.1) [17], [18]. Der Beschleunigungssensor ist je nach Bauform frontal oder peripher an die Fahrzeugstruktur angeschraubt. Der Messbereich des Beschleunigungssensors ist $\pm 120$ g. Der Sensor hat einen Tiefpassfilter mit einer Grenzfrequenz im Bereich von 400 Hz.

**Aufbau und Messprinzip des peripheren Beschleunigungssensors**

Der periphere Beschleunigungssensor (Abbildung 2.2 a)) hat ein Gesamtgewicht von 10,5 g und Maße von $(l \times b \times h)$ 40 mm$\times$25 mm$\times$10 mm. Das Sensorgehäuse

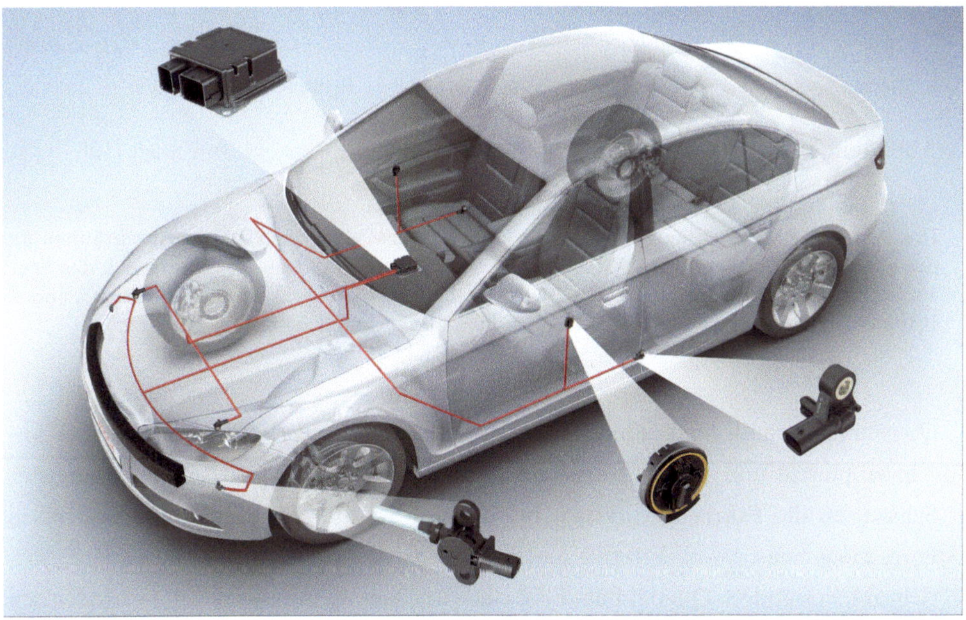

Abbildung 2.1: Sensoranordnung zur Crashsensierung am Fahrzeug [19]

Zur Crashsensierung sind in der seitlichen und in der frontalen Crashzone Druck-
und Beschleunigungssensoren am Fahrzeug angebracht. Bei einem Crash erfolgt die Aus-
löseentscheidung für die Sicherheitssysteme am Zentralsensor im Fahrzeugschwerpunkt.

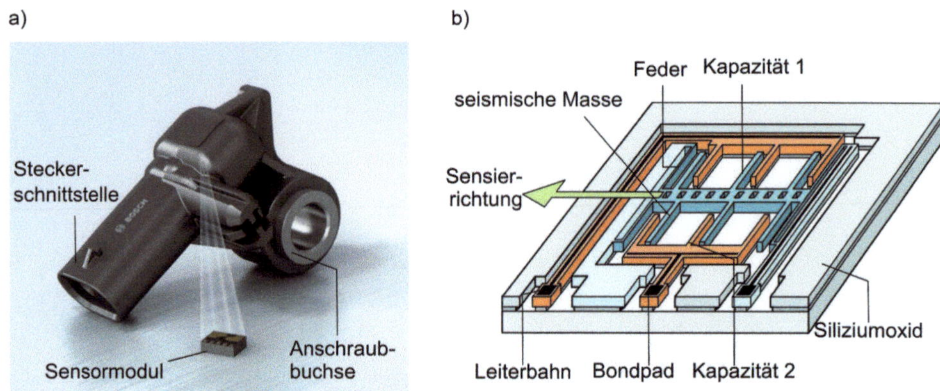


Abbildung 2.2: Aufbau des Automobilbeschleunigungssensors, frei nach [19]

*a): Gesamtaufbau, b): Messprinzip des Sensorelements*
Der Automobilbeschleunigungssensor hat am Gehäuse eine Buchse zum Anschrauben an die Fahrzeugstruktur und eine Steckerischnittstelle a). Im Gehäuse befindet sich das Sensormodul mit dem Sensorelement b). Das Sensorelement besteht aus ineinandergreifenden Kammstrukturen mit mikromechanischen Elektroden und seismischen Massen.

übernimmt grundlegende Funktionen für die korrekte Sensierung. Es hat eine Anschraubbuchse und einen Orientierungszapfen zur festen, präzisen Fixierung des Sensors an die Fahrzeugstruktur. Im Gehäuse ist die Messeinheit des Sensors in Form eines Sensormoduls form- und kraftschlüssig ausgerichtet. Die präzise Ausrichtung verhindert Quereinflüsse auf das Beschleunigungssignal. Zur elektrischen Kontaktierung ist das Sensormodul über zwei Anschlussstifte verlötet und an eine Steckerschnittstelle am Sensorgehäuse angebunden. Um äußere Messeinflüsse zu vermeiden, schützt das Gehäuse das Sensormodul vor mechanischen und thermischen Lasten. Das eigentliche Sensormodul ist ein mikroelektromechanisches System (MEMS) in der Bauform eines Surface Mounted Device (SMD). Es hat ein Gewicht von 0,08 g und Maße von $(l \times b \times h)$ 4 mm×5 mm×1,6 mm. Ein SMD ist ein oberflächenmontierbares Bauteil, das direkt auf der kupferkaschierten Oberfläche einer Platine kontaktiert werden kann. Das Sensormodul hat dazu an der Unterseite lötfähige Anschlussflächen [20]. Im Modul befindet sich eine Leiterplatte mit passiven und aktiven Elementen, wie dem Application-Specific Integrated Circuit (ASIC). Eines der aktiven Elemente ist das Sensorelement, das die Beschleunigung über ein kapazitives Sensierprinzip physikalisch misst. Der Aufbau des Sensorelements besteht aus ineinandergreifenden Kammstrukturen mit mikromechanischen Elektroden, an denen seismische Massen aufgehängt sind (Abbildung 2.2 b)). Eine Beschleunigung des Fahrzeugs induziert eine Relativbewegung der seismischen Massen. Sie führt zu einer quantitativ messbaren Kapazitätsänderung zwischen dem festen und dem beweglichen Teil der Kammstruktur [16], [21]. Die elektrische Schnittstelle und das Datenprotokoll des Sensors entsprechen dem Peripheral Sensor Interface 5 (PSI5). PSI5 ist eine universelle Schnittstellenspezifikation mit Zweidrahtkontaktierung für unterschiedliche Sensoranwendungen im Automobil [21]. Zusätzlich ist das Sensormodul über die Entwicklerschnittstelle Serial Peripheral Interface (SPI) mit einer Fünffachkontaktierung kontaktierbar.

### 2.1.2 Faserverbundstrukturen

Faserverbundkunststoffe (FVK) sind eine Untergruppe der Komposite. Der Verbund besteht aus Verstärkungsfasern und einer Polymermatrix, die die Fasern bindet. Typische Faserarten sind Glasfasern (GF), Kohlenstofffasern (CF) und die Synthesefaser Aramid (Tabelle 2.1). Es werden auch Naturfasern wie Flachs-, Sisal- und Kokosfasern oder Spinnseide, Baumwolle und Jute eingesetzt. Durch die gezielte Ausrichtung der Faserbündel in den Einzellagen sind FVK-Strukturen grundsätzlich stark anisotrop. In Faserrichtung ist insbesondere die Steifigkeit stark erhöht. Auch die Energieaufnahme ist in Faserrichtung hoch, sowie die dynamische Belastbarkeit und die mechanische Dämpfung. Die Lasten Biegung und Druck werden vorrangig durch die Polymermatrix des Verbunds aufgenommen [22], [23].

Eine FVK-Struktur besteht aus einer Stapelfolge (Laminat) mit Schichten aus Verstärkungsfasern. Für hochbeanspruchte Strukturbauteile werden die Fasern bei der Bauteilherstellung mit der gewünschten Faserorientierung in Einzelschichten verlegt [24]. Wenn die Verstärkungsfasern schon als Faserhalbzeuge vorliegen, ist der Aufwand bei der Bauteilherstellung geringer. In den Halbzeugen sind die Fasern bereits orientierungsgerecht positioniert. Faserhalbzeuge werden oft für Leichtbaustrukturen verwendet. Das Anwendungsbeispiel dieser Arbeit basiert auf einem Herstellungsverfahren, bei dem trockene Faserhalbzeuge eingesetzt werden. Typische trockene Faserhalbzeuge sind Gewebe, unidirektionale Schichten, Gelege, Multiaxi-

| Kennwert | Glas | Kohlenstoff | Aramid |
|---|---|---|---|
| Dichte [$\frac{g}{cm}$] | 2,14–2,55 | 1,74–1,9 | 1,44–1,45 |
| Zugfestigkeit [$\frac{N}{mm^2}$] | 1.650–2.400 | 2.150–4.510 | 2.800 |
| E-Modul \| [$\frac{N}{mm^2}$] | 55.000–86.810 | 230.000–450.000 | 67.000–130.000 |
| E-Modul $\perp$ [$\frac{N}{mm^2}$] | 29.920–35.578 | 15.200–28.000 | bis 5.400 |
| Bruchdehnung [%] | 3–4,1 | 0,35–2,1 | 2,1–4,3 |
| Wärmeausdehnungskoeff. \| [$10^{-6}\,\frac{1}{K}$] | 3,5–7,2 | -0,455– -1,08 | -2 |
| Wärmeausdehnungskoeff. $\perp$ [$10^{-6}\,\frac{1}{K}$] | 4–5 | 12,5–31 | 17 |
| Wärmeleitfähigkeit [$\frac{W}{mK}$] | 1 | 15–100 | 0,04–0,05 |
| Spez. elektr. Widerstand [$\Omega\,\frac{1}{cm}$] | $10^{15}$ | 710 | $10^{15}$ |
| Preis als Verbund [$€\,\frac{1}{kg}$] | 2–3 | 20–1.000 | 20–30 |

\|*: In Faserrichtung, $\perp$: Quer zur Faserrichtung*

Tabelle 2.1: Richtwerte für Eigenschaften von Verstärkungsfasern [24]–[27]

algelege, Gesticke, Geflechte, Matten, Vliese, Abstandsgewebe und Feinschnitte. Die wesentlichen Unterschiede sind die Ausrichtung der Fasern, die Feinheit, die Strukturierung und die Art der Faserbindung [28]. Vorimprägnierte Faserhalbzeuge sind Sheet Moulding Compounds, Bulk Moulding Compounds oder Prepregs, langfaserverstärkte Thermoplaste, Glasmatten und Organobleche [25].

Die formgebende Komponente einer FVK-Struktur ist die Polymermatrix aus Duroplast oder Thermoplast. Die Wahl des Matrixsystems bestimmt unter anderem die chemische Beständigkeit, die Einsatztemperatur und das Rissausbreitungsverhalten des Strukturbauteils. Für das Anwendungsbeispiel dieser Arbeit wird ein duroplastisches Matrixsystem, ein Epoxidharz, verwendet. Duroplaste sind Reaktionsharze, die ihre endgültige Makromolekularstruktur während der Bauteilaushärtung (Polymerisation) ausbilden [29]. Sie polymerisieren durch die chemische exotherme Reaktion zweier niedermolekularer Stoffe, dem Harz und dem Härter. Eine Übersicht klassischer Reaktionsharze ist in Tabelle 2.2 angeführt. Epoxidharze sind in ihrer ursprünglichen Form zähflüssig, aufschmelzbar oder pulverförmig. Im ausgehärteten Zustand sind sie nicht schmelzbar, nicht schweißbar, unlöslich und sie können nicht erneut plastisch verformt werden [30].

| Kennwert | EP-Harz | UP-Harz | VE-Harz |
|---|---|---|---|
| Dichte [$\frac{g}{cm}$] | 1,1–1,2 | 1,1–1,3 | 1,1–1,3 |
| Zugfestigkeit [$\frac{N}{mm^2}$] | 74–176 | 55–85 | 75–95 |
| E-Modul [$\frac{N}{mm^2}$] | 2.600–3.700 | 3.350–4.400 | 3.300–3.800 |
| Bruchdehnung [%] | 2–8 | 1,7–4,2 | 2,6–6,1 |
| Wärmeausdehnungskoeff., [$10^{-6}\,\frac{1}{K}$] | 60 | 80–150 | 53–65 |
| Voulmenschwund bei der Aushärtung [%] | 2–5 | 5–9 | bis 1 |
| Glasübergangstemperatur [°C] | 60–125 | 60–125 | 100–150 |
| (Misch-)Viskosität [mPa·s] | 100–6.000 | 240–3.600 | 210–1.000 |

*EP-Harz: Epoxidharz, UP-Harz: Ungesättigtes Polyesterharz, VE-Harz: Vinylesterharz*

Tabelle 2.2: Richtwerte für Eigenschaften von Reaktionsharzen [31], [32]

**Herstellungsverfahren**

Für den Integrationsansatz dieser Arbeit eignet sich zur Herstellung der sensorintegrierten Struktur eine Verfahrensvariante der Harzinjektionstechnik. Bei dem Verfahren wird das trockene Faserhalbzeug trocken zu einem Stack in ein Werkzeug eingelegt. Die Matrix wird nachträglich unter Druck, Vakuum oder kombiniert eingebracht [33]. Da das Laminat trocken aufgebaut und im Werkzeug platziert wird, ist das Einlegen des Sensors gut möglich. Die Verfahrensvarianten der Harzinjektionstechnik sind in Tabelle 2.3 verglichen. Für das Anwendungsbeispiel dieser Arbeit wird das Resin Transfer Molding (RTM) verwendet (siehe Kapitel 3.3). Bei der Verfahrensvariante erfolgt die Harzinjektion meist mit Überdruck in ein zweiseitig starres Werkzeug. Das Werkzeug bleibt auch während der Aushärtung des Strukturbauteils luftdicht verschlossen [34]. Weitere Herstellungsverfahren und Verfahrensvarianten sind das Vacuum Assisted Resin Transfer Molding (VARTM), das Structural Reaction Injection Molding (SRIM), das Kernausschmelzverfahren, das Vakuuminjektionsverfahren (VARI), das Spaltimprägnierverfahren und der Seeman Composites Resin Infusion Molding Process (SCRIMP). Des Weiteren dienen Verfahren der Autoklavtechnik, Pultrusionsverfahren, Wickel- und Legetechniken und Pressverfahren zur Herstellung von FVK-Strukturen [30], [34], [35].

| | VI/FIV | RTM | Schlauchblas-RTM/TERTM | ARTM/ Nasspressen | DPRTM | HP-RTM | SQ-RTM |
|---|---|---|---|---|---|---|---|
| Fasergehalt [%$_\mathrm{Vol.}$] | 40–50 | 40–60 | 40–60 | 40–60 | bis 65 | 45–60 | 40–60 |
| Druck | niedrig | hoch | niedrig | hoch | niedrig | sehr hoch | niedrig |
| Oberflächen | sehr gut, nur einseitig | gut– sehr gut | gut | gut– sehr gut | gut– sehr gut | gut | sehr gut |
| Bauteilgröße [m$^2$] | <2/sehr groß | 5 | begrenzt (Anlage) | 5 | begrenzt | 5 | 5 |
| Bauteilkomplexität | gut | gut–sehr gut | gut | bedingt | gut | gut–sehr gut | sehr gut |
| Inserts | sehr gut | gut | gut | bedingt | gut | gut | bedingt |
| Seriengröße p. a. | >2.000 | ca. 50.000 | ca. 10.000 | bis 100.000 | 2.000–5.000 | bis 100.000 | - |
| Zykluszeit [min] | 30–60 | 5–25 | 20–60 | <10 | 30–180 | <10 | 30–180 |
| Investment | sehr gering | gering | mittel | hoch | hoch | hoch | gering |
| Typische Branche | allgemein | allgemein | Sport, Maschinen | Automobil | Luftfahrt | Automobil | Luftfahrt |

*VI: Vakuuminjektionsverfahren, FIV: Flächeninjektionsverfahren, RTM: Resin Transfer Molding, TERTM: Thermal Expansion RTM, ARTM: Advanced RTM, DPRTM: Differencial Pressure RTM, HP-RTM: High Pressure RTM, SQ-RTM: Same Qualified RTM*

Tabelle 2.3: Verfahrensvarianten der Harzinjektionstechnik, frei nach [30], [34], [35]

### Einflüsse auf die Strukturqualität

Die Qualität einer FVK-Struktur ist durch unterschiedliche Einflussfaktoren bestimmt. Direkte Einflussfaktoren sind der Fasergehalt, die Faser-Matrix-Anbindung, Faserumlenkungen und die Durchtrennung von Faserbündeln. Weiterhin bedeutend sind physikalische Inhomogenitäten wie Lufteinschlüsse und Lunker im Strukturbauteil. Indirekte Einflussfaktoren sind die Bauteilauslegung und die Zustände beim Herstellungsprozess. So können sich zum Beispiel in den Ecken eines Strukturbauteils Lufteinschlüsse bilden, als weiteres Beispiel beeinflusst der Injektionsdruck den Harzfluss im Laminat und damit die Faser-Matrix-Anbindung.

Der Faservolumengehalt ist das Verhältnis zwischen dem Faservolumen und dem Gesamtvolumen des Bauteils [31]. Als alternative wird entsprechend der Fasergewichtsanteil ermittelt. Der Fasergehalt bestimmt insbesondere die mechanischen Eigenschaften einer FVK-Struktur. Die Zugfestigkeit, Druckfestigkeit und die Scherfestigkeit sind direkt proportional zum Faservolumengehalt [36]. Der erzielbare Fasergehalt ist abhängig vom Faserhalbzeug, vom Laminataufbau und vom Herstellungsverfahren.

Die Grenzfläche zwischen den Fasern und der Matrix hat eine besondere Bedeutung für die mechanischen Eigenschaften und das Langzeitverhalten einer FVK-Struktur. Die Matrix stützt die Fasern und verteilt die auf die Struktur einwirkenden Kräfte. Eine gute Faser-Matrix-Anbindung ist daher notwendig [29].

Bei Umlenkungen und Durchtrennungen der Fasern ist die Kraftflussumleitung im Strukturbauteil kritisch. Dadurch entstehen Spannungskonzentrationen, die oft der Ausgangspunkt für Ermüdungsrisse sind [24]. Umlenkungen sind geometrisch bedingt. Sie entstehen, wenn sich die Fasern bei der Aushärtung an den Ecken und Kanten der Bauteilgeometrie verschieben [26]. Auch Einschlüsse in der Struktur bewirken, dass die Fasern ungünstig verschoben werden, was den Kraftfluss umlenkt. Eine Faserdurchtrennung kann durch eine Schädigung des Strukturbauteils erfolgen. Teilweise erfordern aber auch Verbindungsstellen am Bauteil die absichtliche Durchtrennung der Fasern, wie die Bohrungen einer Bolzenverbindung. Solche Verbindungsstellen gelten als nicht fasergerecht [24]. Bei einer Integration ist es üblich, die Komponenten formschlüssig in das Strukturbauteil einzubetten und einzelne Laminatlagen entsprechend auszuschneiden. Solche Durchtrennungen vermindern den tragenden Querschnitt der Struktur und wirken als Kerbe.

Lufteinschlüsse und Lunker sind Bereiche, die weder Harz noch Verstärkungsfasern aufweisen. Sie sind physikalische Inhomogenitäten und wirken als Schwachstelle in der Struktur [36]. Luftblasen können bei der Bauteilherstellung bereits vor der Infiltration im Matrixsystem vorliegen oder bei der Infiltration entstehen. Sie gelangen dann in den Strukturaufbau im Werkzeug. Bei der Verwendung von Harzsystemen kann die Aushärtung Reaktionsgase bilden, die nicht mehr entweichen können. Lunker treten bei Verschiebungen der Fasern [26] oder in der Umgebung von Struktureinschlüssen auf.

**Schadensmechanismen**

Schäden bei einer FVK-Struktur können bereits während der Herstellung oder im späteren Betrieb durch einwirkende Lasten auftreten. Das Schädigungsverhalten ist komplex und beruht auf unterschiedlichen Schadensmechanismen. Die Basismechanismen werden kurz angeführt. Ausführliche Beschreibungen sind zu finden in [24], [31], [37].

Die Basismechanismen bei einer Schädigung sind Faser-Matrix-Entkopplungen, longitudinale oder transversale Matrixrisse und Faserbrüche. Des Weiteren können Delaminationen auftreten, bei denen sich einzelne Laminatschichten der Struktur voneinander ablösen [24], [31], [37]. Welcher Schadensmechanismus eintreten kann, ist abhängig von der Konstitution und dem Aufbau des Laminats sowie von der Art der einwirkenden Last auf das Strukturbauteil [37]. Vom Crashverhalten bei FVK-Strukturen ist zudem das Crushing bekannt. Es beschreibt die Kombination aus mehreren Schadensmechanismen. Das Bauteilverhalten ist dabei teilweise unberechenbar [38], [39]. Generell startet der Schädigungsprozess mit einem Defekt in der Struktur. Der Defekt initiiert eine Art Keimbildung für Mikrorisse. Ausgehend von den Mikrorissen entstehen makroskopische Schadensflächen, die sich zu einem Schaden ausbilden. Der Schaden bewirkt eine lokale Diskontinuität in der Struktur, die zu Eigenschaftsänderungen führen. Das veränderte Bauteilverhalten ist erst weit nach der Bildung der Mikrorisse feststellbar [37]. Der Schaden selbst ist durch eine äußere Bauteilinspektion bei FVK-Strukturen oft nicht erkennbar. Daher sind spezielle Analyseverfahren, zum Beispiel mit Ultraschall, notwendig.

## 2.2 Sensorintegration bei Faserverbundstrukturen

Die Literatur beschäftigt sich seit über 25 Jahren damit, Sensoren zur Bauteil-funktionalisierung in FVK-Strukturen zu integrieren. Die veröffentlichten Arbeiten umfassen erstens die Entwicklung von integrierbaren Sensoren und Sensorsyste-men. Zweitens steht die Auslegung der sensorintegrierten Strukturen im Fokus. Das berücksichtigt auch den Einfluss der integrierten Sensoren auf die Strukturmechanik. Ebenso ist drittens die Belastbarkeit der Sensoren in der Struktur ein Untersuchungs-gegenstand. Daraus leiten sich Konzepte zur optimalen Platzierung der Sensoren im Bauteil ab. Ergänzend wurden Technologien zur Abdeckung [40]–[42] oder zur Kapselung [41] [43]–[45]der Sensoren in der Struktur entwickelt. Weitere Arbeiten stellen die Sensierfunktion der integrierten Strukturen in den Mittelpunkt. Sie be-fassen sich mit der Robustheit der sensorischen Systeme und der zuverlässigen Sig-nalbehandlung [46].

Die in FVK-Strukturen integrierten Sensoren dienen schwerpunktmäßig Diag-nosesystemen (Structural Health Monitoring, Verfolgung von Lasten und Ereignis-sen) im Bauteilbetrieb. Eine zweite Schwerpunktanwendung ist die Prozessüber-wachung bei der Herstellung von FVK-Strukturen. Die Anwendungen werden im Folgenden im Einzelnen aufgegriffen.

### 2.2.1 Structural Health Monitoring

Das Structural Health Monitoring (SHM) dient dazu, über Messwerte den Zustand einer Struktur zu erfassen. Die Anwendung ist primär sicherheitstechnisch begrün-det. Das SHM wird auch aus wirtschaftlichen Gründen eingesetzt, indem durch die Zustandsabschätzung eine erhöhte Betriebsdauer angestrebt wird [47].

Zum Erkennen des Strukturzustands werden unterschiedliche Sensortechnolo-gien eingesetzt, die auf verschiedenen Wirkprinzipien beruhen. Eine Möglichkeit ist das Einleiten und Erfassen von Signalen in die Struktur. Eine Änderung des charakteristischen Übertragungsverhaltens wird auf einen Schaden der Struktur zurückgeführt. Als Signal dienen Ultraschall- und Lambwellen. Es wurden beispiels-

weise Sensorknoten aus Ultraschallwandlern und Auswerteelektronik in ein Strukturbauteil integriert [48]. Die Anregung der Struktur und die Signalerfassung erfolgen meist über piezokeramische Flächenwandler [46], [49]–[53] Auch werden Arrays aus Piezokeramikmodulen integriert [54]. Weitere Sensoren sind Piezoelektrische-Wafer-Aktive-Sensoren [55]. Im Raumfahrtbereich wurde die Sensortechnologie „SMART Layer" entwickelt (Department of Aeronautics and Astronautics, Stanford University, USA). Sie ist ein Netzwerk aus verteilten Sensoren und Aktoren auf Basis piezoelektrischer Wandler, das das komplette Strukturbauteil abdeckt [56]. Bei einem anderen Ansatz des SHM wird der Zustand einer Struktur über die dynamische Struktursteifigkeit erfasst. Eine mögliche Messmethode dazu beruht auf der elektromechanischen Impedanz [46], [49], [57]. Als Sensortechnologie dient ein einzelner piezoelektrischer Wandler als Aktor und Sensor. Ein Beispiel ist das „Piezopatch", das an die Struktur gekoppelt wird und sie zu Schwingungen anregt. Aus der elektrischen Impedanz des Patches wird der Strukturzustand abgeleitet [49]. Vergleichbar funktioniert das „Macro-Fiber-Composite-Patch" aus dünnen dreieckigen piezokeramischen Fasern, die zwischen Klebstoffschichten und einem Polyimidfilm eingebettet sind [58]. Weitere Ansätze des SHM basieren auf optischen Messmethoden. Die eingesetzten Sensoren sind zum Beispiel optische siliziumbasierte Multimodfasern [59] oder faseroptische Sensoren (FOS) [60], die die Körperschallsignale der Struktur messen. FOS werden auch für die indirekte Schadenserkennung verwendet, indem der Ausfall einer Faser auf einen Schaden der Gesamtstruktur zurückgeführt wird [60].
Einzelne Arbeiten befassen sich mit dem SHM über chipbasierte Widerstände [61], Siliziumsensoren [47], [62], Gyrosensoren [62], MEMS oder Dehnmessstreifen (DMS) [63]. Außerdem wurden in mehreren Ansätzen folienbasierte flexible Sensoren [62], [64]–[67] als Drucksensoren in der Struktur verwendet. Darüber hinaus wurden Sensorlayouts mit leitfähiger Tinte auf textile Fabrikate aufgedruckt und zu Faserhalbzeugen für FVK-Strukturen verarbeitet [68].

Das SHM hat für Strukturkomponenten der Luft- und Raumfahrt [41], [47], [50], [69]–[72] sowie bei Brücken [73], [74] und Gebäuden [41], [47], [75] einen primären Stellenwert. Ein weiterer typischer Einsatz erfolgt bei Windenergieanlagen [76], bei Rohrleitungen [41], [47] oder Maschinen und Druckbehältern [63].

### 2.2.2 Verfolgung von Lasten und Ereignissen

Im Betrieb von Strukturbauteilen verfolgen integrierte Sensoren die Betriebslasten oder kurzzeitige Ereignissen. Es werden statische und dynamische Lasten erfasst, teilweise auch Temperaturlasten oder das Eindringen von Feuchte. Die Verfolgung der Lasten und Ereignissen erfolgt kontinuierlich während des Betriebs. Dadurch wird ein kritisches Ausmaß der Einwirkungen frühzeitig abgeschätzt. Die Anwendung wird bei Bauteilen mit erhöhten Sicherheitsanforderungen eingesetzt, insbesondere wenn der Betriebszustand eines Bauteils von Interesse ist. Auch spezifische Betriebsdaten werden mit der integrierten Bauteilüberwachung erfasst. Zum Beispiel Informationen über die Position eines Kolbens oder den Füllstand in Behältern [77]. Neuere Ansätze verwenden die erfassten Messdaten weiter. Sie dienen Betriebsfestigkeitsanalysen [69], [78], [79] oder der Condition Based Maintenance, bei der der Zustand einer Bauteilkomponente in Bezug zu den schädigenden Einflussgrößen gesetzt wird [80].

Mechanische Lasten werden oftmals über dehnungsbasierte Methoden verfolgt, klassich mit DMS, die über die Struktur verteilt sind [60], [63], [77], [78], [81], [82]. Integrierte Sensoren sind Fasersensoren in den Faserhalbzeugen einer Struktur, wie dehnungssensitive Carbonfasern [76], [83] oder Glasfasern mit elektrisch leitfähiger Schlichte aus Carbonnanotubes (CNT) [84].

Als weitere Messmethode werden piezoelektrische Effekte genutzt, die mit einer äußeren mechanischen Spannungen korrelieren. Eine dazu verwendbare Sensortechnologie ist die SMART Layer (piezoelektrische Sensorarrays), mit der die Entwicklung von Schäden bei Ermüdungsversuchen analysiert wurde [80]. Ebenso werden einzelne Piezoelemente [60], [63], [77], [78], [81], [82] oder piezoelektrische Fasern [85] verwendet. Erwähnt wurde auch der mögliche Einsatz von „Buckypapern", um ein Ereignis geringer Geschwindigkeit zu erfassen [86]. Buckypaper sind poröse Matten aus verwickelten CNT-Strängen, die kohäsiv miteinander verbunden sind und eine Zustandsänderung über die Änderung ihres Widerstands erfassen.

Aus der Überwachung von Lasten und Ereignissen leiten sich Anwendungen ab, die die Verteilung der Bauteilschädigung über das Bauteil verfolgen. Das erfolgt über optische Messungen mit FOS [82] oder Faser-Bragg-Gitter (FBG) [46], [80]. Eine weitere optische Messmethode ist das Pulse-Pre-Pump-BOTDA (PPP-BOTDA) aus optischen Fasern, die die Dehnungsverteilung beim Bauteil messen [87].

Eine Sensortechnologie, mit der die Rissausbreitung in einer Struktur kontinuierlich überwacht wird, ist das Comparative Vacuum Monitoring (CVM) (Structural Monitoring Systems Ltd., Perth, Australien). CVM-Sensoren besitzen mikroskopische Gallerien, die mit Vakuum beaufschlagt sind. Sie sind über die Struktur verteilt. Werden einzelne Gallerien durch einen fortschreitenden Riss beschädigt, kann der Verlauf der Druckänderung mit dem Risswachstum korreliert werden [46], [60], [88]. Ein Forschungsansatz, um die Temperaturen in der Struktur zu verfolgen, verwendet integrierte Piezosensoren und Piezoaktoren in Kombination mit einem Transponder und einem Radio-Frequency Identification ASIC (RFID-ASIC) [89]. Auch komplette dehnbare Sensornetzwerke aus Temperatursensoren wurden bereits angedacht [90]. Als Sensoren zur Feuchtemessung wurden dehnbare Polyimidfolien mit einem sensitiven Dielektrikum integriert [67].

Die vorrangigen Einsatzbereiche für das Verfolgen von Lasten und Ereignissen sind Flugzeugkomponenten, Windenergieanlagen sowie Maschinen und Anlagen. Auch bei Sportgeräten [78] oder Robotern [46] wird der Einsatz zunehmend interessant. Über neue Systemansätze lassen sich aus den gewonnenen Sensordaten zusätzliche Funktionen während und nach dem Bauteilbetrieb ableiten [91].

### 2.2.3 Prozess-Monitoring

Bei der Herstellung von FVK-Strukturen werden Sensoren genutzt, um die Zustände während der Prozessschritte zu erfassen. Durch die Überwachung relevanter Prozessgrößen wird eine gute Bauteilqualität sichergestellt. Zudem können anhand der gewonnenen Erkenntnisse die Parameter für Folgeprozesse angepasst werden. Jüngere Veröffentlichungen fokussieren in diesem Zusammenhang ein Online-Monitoring im Serienprozess, bei dem Parameterprofile unmittelbar aufgezeichnet und zeitgleich angepasst werden [92]–[94]. Das Prozess-Monitoring wird bei verschiedenen Herstellungsverfahren für FVK-Strukturbauteile eingesetzt. Der Integration dienen unterschiedliche Sensoren, die beim Stacking zwischen die Textillagen eingelegt oder vorab in die Einzellagen, Prepregs oder Preforms eingebracht werden. Nach der Aushärtung verbleiben die Sensoren im Strukturbauteil. Typische Zustände, die beim Prozess-Monitoring überwacht werden, sind die Fließfront der Matrix, eine durchgängige Imprägnierung des Faserhalbzeugs mit der Matrix und der Aushärtegrad des Strukturbauteils.

Eine Möglichkeit zur Fließfrontüberwachung basiert auf den elektromagnetischen Eigenschaften von Matrixharzen. Typische Messmethoden sind die direkte Spannungsanalyse (DC-Analyse) und die dielektrische Analyse (DEA). Um eine DC-Analyse über integrierte Sensoren zu realisieren, wurde zum Beispiel die „SMART weave-Methode" entwickelt. Dabei werden faserbasierte Elektroden und parallel angeordnete Platten mit aufgedruckten Elektroden in die Preform eingebracht. Sobald der Raum zwischen den Elektroden mit Harz gefüllt ist, wird proportional zur Fließfront ein elektrisches Singal erzeugt [95]. Für die DEA dienen unter anderem Fringing-Electric-Field-Sensoren (FEF-Sensoren), die die Harzeigenschaften als Funktion des Ortes und der Zeit messen [95]. Eine weitere Möglichkeit zur Fließfrontüberwachung ist eine optische Methode mit strukturintegrierten faseroptischen Spektrometern [95]. Zur integrierten berührungslosen Messung dient Ultraschall. Als Sensor wurde dazu beispielsweise Kupferdraht in den Strukturaufbau eingebracht [95].

Die Überwachung der Imprägnierung erfolgt oft mit den gleichen Messmethoden wie die Fließfrontüberwachung. Für Messungen auf Basis der elektromagnetischen Eigenschaften von Harzen wird die DC-Analyse verwendet, beispielsweise mit integrierten Punktsensoren [95], [96]. Alternativ kann die Imprägnierung anhand der thermodynamischen Eigenschaften von Matrixharzen erfasst werden. Dazu werden Druckaufnehmer [92], [95] oder (Mikro)Thermoelemente [95], [97] integriert. Der optischen Messung der Imprägnierung dienen faseroptische Spektrometer [98], [99]. Weitere Sensoren sind leitfähige Filamente [100]. Außerdem wurden Mikrogeflechte in den Strukturaufbau integriert, die die Druckschwankungen während der Imprägnierung erfassen [95].

Zum Überwachen des Aushärtegrads werden ebenfalls einige der genannten Messmethoden verwendet. Zum Einsatz kommt unter anderem die DEA [95], [99], [101], indem zum Beispiel flexible Flächensensoren mit mehreren FEF-Elementen zusammen mit Strukturbauteilen eingesetzt werden [95]. Eine weitere Methode, um den Aushärtegrad zu messen, ist die elektrische Time-Domain-Reflektrometrie (ETDR). In das Strukturbauteil werden dazu Elektroden [102] oder Carbonfasern [95] integriert. Eine Sensortechnologie, die den Aushärtegrad über eine Widerstandsmessung erfasst, sind Buckypacker (Matten aus CNT-Strängen) [86]. Auf Basis optischer Methoden wird der Aushärtegrad alternativ mit den mechanischen Eigenschaften der Matrix korreliert. Dazu dienen als strukturintegrierte Sensoren OFR [95], [103], [104], Spektrometer [95], [98], [99], [101], [104] oder FBG [104].

Der Einsatz des Prozess-Monitorings ist branchenunabhängig. Mit dem Einzug von FVK-Strukturbauteilen in traditionelle Industriebereiche findet das Prozess-Monitoring eine zunehmend breitere Anwendung.

## 2.3 Bewertung

Der Einsatz von FVK-Strukturen ist vorrangig durch den Leichtbau motiviert. Er ist in der Luft- und Raumfahrt sowie bei der Windenergie eine Notwendigkeit. In diesen Industriebereichen sind FVK-Strukturbauteile bereits üblich. Daher zielt die Sensorintegration meist auf Anwendungen bei Flugzeugen, Raumschiffen oder Windenergieanlagen ab. Leichte, energiesparende Bauteile spielen zunehmend auch in den traditionellen Industriebereichen eine wichtige Rolle. Zudem werden neuere Produkte immer funktionaler. Das spiegeln insbesondere jüngere Arbeiten wieder. Sie streben die Sensorintegration auch bei Brücken und Gebäuden, Maschinen, Druckbehältern, Sportgeräten oder Robotern an. Dabei herrschen meist schnellere Entwicklungszeiten und ein höherer Kostendruck. Daher wird für einen wirtschaftlichen Technologietransfer der Sensorintegration in diese Bereiche der Handlungsbedarf betont [105]. Die der Sensorintegration zugrundeliegenden Wirkprinzipien sind größtenteils optisch, sowie piezoelektrisch oder mit Ultraschall- und Lambwellen. Die Evaluation der Literatur zeigt, dass die Sensorintegration bei FVK-Strukturen im Wesentlichen über zwei Ansätze erfolgt. Erstens macht man sich bekannte Sensierprinzipien zunutze, für die konventionell die Neuentwicklung von speziellen Sensoren erfolgt. Das Resultat sind Sensortechnologien, die vorzugsweise für die Integration in FVK-Strukturen zur Verfügung stehen. Zweitens werden neuartige Messprinzipien auf Faser-, Textil- oder Folienbasis erarbeitet, aus denen sensorische Faserhalbzeuge für FVK-Strukturen entstehen. Demgegenüber steht der Integrationsansatz dieser Arbeit, bei dem auf einen technologisch etablierten

Automobilbeschleunigungssensor zurückgegriffen wird. Die Integration des Sensors in die FVK-Struktur bietet dabei maßgebliche Vorteile. Die etablierte Anbringung des Sensors an die Fahrzeugstruktur ist eine formschlüssige Bolzenverbindung. Eine Bolzenverbindung gilt als ein nicht fasergerechtes Gestaltungselement [106]. Die erforderliche Bohrung unterbricht bei einer FVK-Struktur den Faserverlauf und dadurch die Kraftübertragung. Zusätzlich ist ein Versagen der Verbindungsstelle durch Druckversagen oder Spaltbruch des Laminats, oder durch Zugversagen und Scherbruch des Fügeteils bekannt [107]. Bei einer Struktur aus CFK kann auch eine Kontaktkorrosion am Bolzen auftreten. Zu fasergerechten Fügestellen liegen unterschiedliche Ansätze in der Literatur vor. Sie umfassen konstruktive Maßnahmen [24], [108], [109] und spezielle Verbindungstechnologien [110]–[122]. Eine Reihe von Forschungsarbeiten beschäftigt sich fundiert mit dem Charakter der Fügestellen bei FVK-Strukturen [106], [123]–[130]. Die Integration des Automobilsensors vermeidet ein angepasstes Anbringungskonzept für den etablierten Automobilsensor bei einer FVK-Struktur, das die feste Fixierung am Fahrzeug gewährleistet.

Die evaluierte Literatur zeigt weiterhin, dass das Ziel dieser Arbeit, den Sensor zusätzlich für die Zustandsdetektion einzusetzen, bedeutende Anwendungsfelder aufgreift (SHM, Verfolgung von Lasten und Ereignissen). Mit dem vorliegenden Integrationsansatz werden diese effizient umgesetzt.

# Kapitel 3

# Ausführung der Sensorintegration

## 3.1  Methode und Zielbeschreibung

Der Automobilbeschleunigungssensor und die Faserverbundstruktur sind zwei technologisch etablierte Einzelsysteme, die nach dem Stand der Technik unabhängig voneinander Anforderungen erfüllen. Die Sensorintegration ist die Zusammenführung beider Systeme. Die Anforderungen an die Sensorintegration ergeben sich daher aus der Schnittmenge der Anforderungen an die Einzelsysteme. Es werden jene herausgearbeitet, die für die integrierte Struktur relevante technische Randbedingungen darstellen.

An den Automobilbeschleunigungssensor sind Anforderungen für den Anbau an die Fahrzeugstruktur sowie für den Sensorbetrieb gestellt. Sie sind bestimmend für die fehlerfreie Sensierung. Die daraus herausgearbeiteten Anforderungen sind in Tabelle 3.1 erfasst.

Die Anforderungen an die FVK-Struktur ergeben sich zum einen durch die geforderte Bauteilqualität. Zum anderen sind sie von den Konstruktionsrichtlinien für FVK-Struktu-ren abgeleitet [24]. Zusätzlich sind die Anforderungen vom Einsatzbereich der integrierten Struktur und dem Einbauort (am Fahrzeug) abhängig. Für das vorliegende Anwendungsbeispiel ist dabei die Primärfunktion der Crashsensierung berücksichtigt. Die daraus herausgearbeiteten Anforderungen sind in Tabelle 3.2 erfasst.

|  |  | Anforderung |
|---|---|---|
| Fahrzeuganbau | 1 | Steife, direkte Anbindung zur Struktur über die Betriebsdauer |
|  | 2 | Korrosionsbeständige Befestigung |
|  | 3 | Kein offenporiger Schaum in der Sensorumgebung |
|  | 4 | Kein Kontakt zu Flüssigkeiten und Verunreinigungen |
| Montage | 5 | Montage in Nennsensierrichtung, zulässige Winkelabweichung* |
|  | 6 | Keine Deformation der Struktur durch die Sensormontage |
|  | 7 | Keine Deformation oder Beschädigung des Sensors beim Einbau |
| Betrieb | 8 | Beständigkeit gegen mechanische Lasten* und Ereignisse* |
|  | 9 | Beständigkeit gegen thermische Lasten* |
|  | 10 | Beständigkeit gegen Medien* |

*Definierte Zahlenangaben liegen mit der Sensorspezifikation vor*

Tabelle 3.1: Anforderungen an den Beschleunigungssensor [17], [131], [132]

|  |  | Anforderung |
|---|---|---|
| Auslegung | 1 | Technisch sinnvoller Fasergehalt für den Einsatzbereich |
|  | 2 | Dünnwandige Struktur mit gleichmäßigen Wandstärken |
|  | 3 | Möglichst ungestörter Kraftfluss in der Struktur |
|  | 4 | Verdeckter Einbau des Sensors |
| Bauteilqualität | 5 | Gute Faserimprägnierung |
|  | 6 | Gute Faser-Matrix-Anbindung |
|  | 7 | Geringe geometrische Inhomogenität durch Einschluss (Sensor) |
|  | 8 | Geringe physikalische Inhomogenitäten wie Poren und Lunker |
| Herstellung | 9 | Fertigungsgerechte Bauteilgestaltung |
|  | 10 | Beidseitig glatte Bauteiloberfläche (verdeckter Einbau) |
|  | 11 | Möglicher Transfer zu serienfähigen Verfahren |

Tabelle 3.2: Anforderungen an die Faserverbundstruktur

**Technologische Zielbeschreibung**

Die technologische Zielbeschreibung ist in Tabelle 3.3 erfasst. Sie beinhaltet die relevante Schnittmenge der Anforderungen in Tabelle 3.1 und Tabelle 3.2 sowie einschlägige Maßnahme für die Umsetzung. Dies erfordert einen guten Kompromiss für beide Systeme. Durch die Integration muss die FVK-Struktur die Funktion des Sensorgehäuses ersetzen. Demgegenüber stellt der integrierte Sensor einen Einschluss in der Struktur dar, der abhängig von der Strukturauslegung die mechanischen Eigenschaften beeinflussen kann.

| Anforderung | | Maßnahme |
|---|---|---|
| Steife Sensoranbindung | 1 | Gute Faser-Matrix-Anbindung der FVK-Struktur |
| | 2 | Gute Anbindung des Sensors zur Struktur |
| Korrosionsbeständige Sensorbefestigung | 3 | Kapselung des Sensors in der Struktur |
| | 4 | Elektrische Isolation der Leiterbahnen des Sensors in der Struktur |
| Kein offenporiger Schaum am Sensor | 5 | Gute Faserimprägnierung der FVK-Struktur |
| | 6 | Gute Integrationsqualität des Sensors in der Struktur, ohne Poren und Lunker |
| Präzise Ausrichtung des Sensors | 7 | Angepasster Sensoraufbau und abgestimmte Integrationstechnologie |
| | 8 | Geringe Anzahl an Prozessschritten, was Fehlerketten vermeidet |
| Keine Sensor- oder Strukturdeformation | 9 | Abgestimmte Integrationstechnologie |
| | 10 | Herstellungsverfahren mit moderaten Prozessparametern |
| Schutz vor mechanischen Lasten | 11 | Lastgerechter Strukturaufbau, Integration des Sensors in eine lastfreie Zone |
| | 12 | Wahl des Faser- und Matrixwerkstoffs entsprechend der mechanischen Bauteillasten |
| Schutz vor thermischen Lasten | 13 | Wahl des Faser- und Matrixwerkstoffs entsprechend der thermischen Bauteillasten |
| Schutz vor Medien | 14 | Wahl des Faser- und Matrixwerkstoffs entsprechend der Medienlasten des Bauteils |
| | 15 | Kapselung des Sensors in der Struktur |
| Angepasste Auslegung der Struktur | 16 | Dünnwandige Struktur mit technisch sinvollem Fasergehalt |
| | 17 | Ungestörter Kraftfluss durch kleine Sensorgröße, gute Sensoranbindung zur Struktur |
| | 18 | Ebenes Strukturbauteil mit glatter Oberflächen (verdeckter Einbau des Sensors) |
| Serientransfer des Herstellungsverfahrens | 19 | Herstellungsprozess, der robust gegenüber serienfähigen Prozessparametern ist |
| | 20 | Berücksichtigung der Serienfähigkeit bei Sensoraufbau und Integrationstechnologie |

Tabelle 3.3: Technologische Zielbeschreibung zur Umsetzung der Sensorintegration

## 3.2 Umsetzung der Sensorintegration

Die Umsetzung der Sensorintegration geht auf die technologische Zielbeschreibung zurück. Die integrierte FVK-Struktur ist für die Analysen der vorliegenden Arbeit ausgelegt. Entsprechend ist ihre Geometrie an den verwendeten Probekörper und Demonstratoren orientiert. Für den technologisch etablierten Automobilbeschleunigungssensor wird zur Integration ein neuer Aufbau entwickelt. Insbesondere wird die Größe des Sensors reduziert. Der neue Aufbau ist als *Sensordevice* bezeichnet. Für das Sensordevice wird nur das Sensormodul des Automobilbeschleunigungssensors verwendet.

### 3.2.1 Flexible Elektronik

Beim technologisch etablierten Sensor besteht die Kontaktierung aus einer Verdrahtung des Sensormoduls mit der Steckerschnittstelle im Sensorgehäuse. Bei der Integration ersetzt die umgebende FVK-Struktur das Gehäuse. Daher ist eine alternative Umsetzung der Kontaktierung notwendig, die mit einem flexiblen Schaltungsträger realisiert wird. Flexible Schaltungsträger sind wie starre Leiterplatten bestückbar. Die aufgebrachten Bauelemente müssen nicht verändert oder gedünnt werden [133]. Mögliche Trägersubstrate für die Schaltungsträger sind Polyimid, Silikon und Polyurethan. Polyimid (PI) ist insbesondere für robuste Anwendungen geeignet. Es hat eine hohe Festigkeit und Steifigkeit. Zudem ist PI chemisch resistent und besitzt auch bei einer elektrischen Einwirkung eine hohe Durchschlagfestigkeit [134], [135]. Ein Schaltungsträger aus PI hat standardgemäß eine Dicke von $125\,\mu$m. Er besteht aus einer PI-Trägerfolie mit einer auflaminierten Kupferfolie. Die Kupferfolie wird durch selektive oder additive Verfahren zu Feinstleiterbahnen überführt [133], [136]. Auch das Aufdrucken von passiven Bauelementen und Strukturen wie Widerstände, Induktivitäten, Antennen oder Kondensatoren ist möglich. Als abschließende Schicht ist eine PI-Overlayfolie aufgebracht, die der Lötstoppmaske bei starren Leiterplatten entspricht. Die Bestückung des flexiblen Schaltungsträgers mit den Bauelementen ist auf unterschiedliche Weise möglich. Für das SMD ist die Flip-Chip-Montage geeignet [137]. Dabei wird das SMD über die lötfähigen Anschlussflächen auf dem Schaltungsträger montiert, ohne dass Anschlussdrähte notwendig sind. Da die Leiterbahnen als Teil des Schaltungsträgers bereits vorhanden sind, eignet sich die Flip-Chip-Montage mit Klebstoff. Zur mechanischen Stabilisierung wird der Aufbau meist mit Underfill unterfüllt. Underfill ist ein elastischer, temperaturbeständiger Kunststoff, der Spannungen durch die unterschiedlichen Wärmeausdehnungskoeffizienten des Trägers und des SMDs ausgleicht. Er macht den Gesamtaufbau auch robuster gegen mechanische Einwirkungen und Feuchte. Für die Klebkontaktierung kann nichtleitender Klebstoff (NCA, Non Conductive Adhesive), isotrop leitender Klebstoff (ICA, Isotropic Conductive Adhesive) oder anisotrop leitender Klebstoff (ACA, Anisotropic Conductive Adhesive) verwendet werden. Prozesstechnisch ist die Kontaktierung mit ICA der Flip-Chip-Montage mit Lot ähnlich, einer etablierten Verbindungstechnologie. Damit kann für die Montage ein herkömmliches Pick and Place-Verfahren eingesetzt werden. Für eine Serienfertigung ist das Verfahren durch einen automatisierten Reel-to-Reel-Prozess ersetzbar. Die Aushärtung des Aufbaus erfolgt im Batchofen, oder, für den Serienprozess, im Reflow-Ofen.

Mit flexibler Elektronik können heute neben flexiblen Schaltungsträgern komplette Sensoren realisiert werden [133], [137], [138]. Im Zusammenhang mit dem Aufbau aus flexibler Elektronik steht die Kapselung der elektronischen Bauelemente. Sie ersetzt ein Gehäuse und schützt insbesondere vor dem Eindringen von Feuchte oder Medien. Denn das kann zu einem korrosiven Angriff oder zum Ablösen der Bauelemente führen, wenn der Flexträger quillt. Wichtig ist dabei die defektfreie Kapselung ohne Lufteinschlüsse und eine gute Anbindung an den Flexträger. Typische Verfahren zur Kapselung sind das Vakuumlaminierpressen, das Compression Molding, das Transfer Molden, und das Spritzgießen. Als Herausforderung bei der Kapselung stellt sich die Regelung der Prozessparameter dar, um die Elektronik nicht bereits bei der Herstellung übermäßig zu beanspruchen [139].

### 3.2.2 Aufbau des Sensordevices

Das Sensordevie ist in Abbildung 3.1 dargestellt. Es besteht im Wesentlichen aus dem flexiblen Schaltungsträger und dem Sensormodul. Bei der Leiterbildstruktur des flexiblen Schaltungsträgers wird die SMD-Bauform des Sensormoduls genutzt. Der Flexträger besitzt eine Schnittstelle für die Kontaktierflächen des SMDs. Die

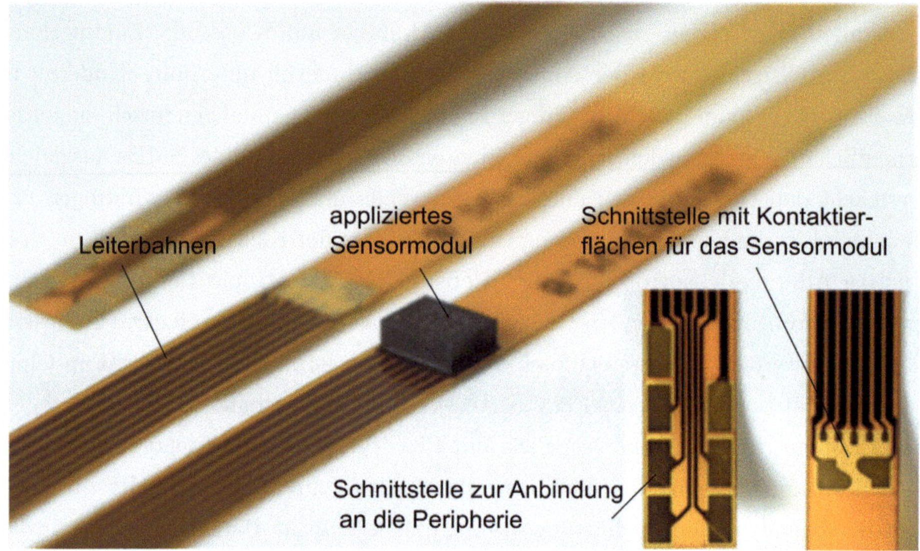


Abbildung 3.1: Sensordevice mit appliziertem Sensormodul [140]

Für das Sensordevice wird nur das Sensormodul des Automobilbeschleunigungssensors verwendet. Als Ersatz für die Kontaktierung dient ein flexibler Schaltungsträger. Der Flexträger hat je eine Schnittstelle für die Kontaktierflächen des Sensormoduls und für die Peripherie. Die Verdrahtung ist durch aufgedruckte Leiterbahnen ersetzt.

Verdrahtung ist durch aufgedruckte Leiterbahnen ersetzt. Das Leiterbild berücksichtigt sowohl die Zweidrahtkontaktierung des Sensormoduls mit PSI5, als auch die Fünffachkontaktierung mit SPI. An einem Ende hat der Flexträger eine Schnittstelle zur Anbindung an unterschiedliche Peripherie. Es können zum Beispiel Einsteckkontakte für die Auswerteelektronik oder für die Fahrzeugperipherie angebracht werden. Aufgrund seiner Robustheit ist der Substratwerkstoff des flexiblen Schaltungsträgers Polyimid (Anhang A). Zur Isolation der Leiterbahnen ist der Träger mit einer Abdeckfolie beschichtet (Anhang A). Die Schnittstelle für das Sensormodul und die Schnittstelle für die Peripherie sind freigelegt. Die Applikation des Sensormoduls erfolgt mit einem Pick and Place-Verfahren, der Flip-Chip-Montage. Dazu dienen ein Mikromanipulator (ATV Technologie, Vaterstetten) und ein Fineplacer (Finetech, Berlin). Für den Transfer zur Serienfertigung sind Pick and Place-Verfahren mit einem etablierten Reel-to-Reel-Prozess automatisierbar. Als Kontaktierklebstoff wird ein ICA verwendet. Das kontaktierte Sensormodul wird mit einem Dispenser EFD 20000XL (Nordson EFD Deutschland, Oberhaching) mit Flüssigunderfill unterfüllt. Neben seiner Funktion zum Spannungsausgleich verhindert der Underfill, dass bei der Integration Matrixmaterial zwischen das Sensormodul und den Flexträger fließt. Es werden ein ICA und ein Underfill mit für Elektronik üblichen Aushärtetemperaturen ausgewählt (Anhang A). Das ermöglicht die Aushärtung in einem Standard Batch-Ofen. Bei der Serienfertigung kann ein Reflow-Ofen eingesetzt werden.

Die lokale maximale Höhe des Sensordevices entspricht der Höhe des Sensormoduls (1,6 mm) plus der Dicke des Flexträgers von 125 $\mu$m. Die weiteren Maße des Sensordevices sind ($l \times b$) 1000 mm$\times$6 mm. Die Länge ist durch die notwendige Kabellänge für die Auswerteelektronik bei den Untersuchungen dieser Doktorarbeit vorgegeben. Die Breite ist an der Breite des Sensormoduls von 4 mm orientiert.

### 3.2.3 Auslegung der Faserverbundstruktur

Die Grundgeometrie der integrierten FVK-Struktur ist eine dünnwandige 4 mm dicke Platte mit einem verdeckten Einbau des Sensordevices und ebenen Oberflächen. Die Stapelfolge des Laminats ist symmetrisch. Das Sensordevice ist in die Mittelebene des Laminatstacks eingebracht (Abbildung 3.2 a)). Das Sensormodul wird nicht formschlüssig eingebettet und einzelne Laminatlagen werden nicht entsprechend ausgeschnitten. Dadurch umfließt die Matrix das Sensormodul bei der Durchtränkung des Laminats. Nach der Aushärtung kapselt die feste Matrix das Sensormodul. Das vermeidet einen Prozessschritt zur Kapselung der Elektronik vor der Integration des Sensordevices. Die Plattengeometrie mit zweiseitig ebenen Oberflächen (verdeckter Einbau) erfordert, dass der Laminatstack den Platzbedarf des Sensormoduls vorhält. Die Laminatlagen werden dadurch oberhalb und unterhalb des Sensormoduls komprimiert.

Über die Wahl des Faserhalbzeugs sind für die Analysen dieser Arbeit drei Strukturvarianten als Kreuzverbund mit gleichen Schichtdicken vorgesehen (Abbildung 3.2 b)). Bei der Variante 1 sind die Faserbündel 0° und 90° zum inte-

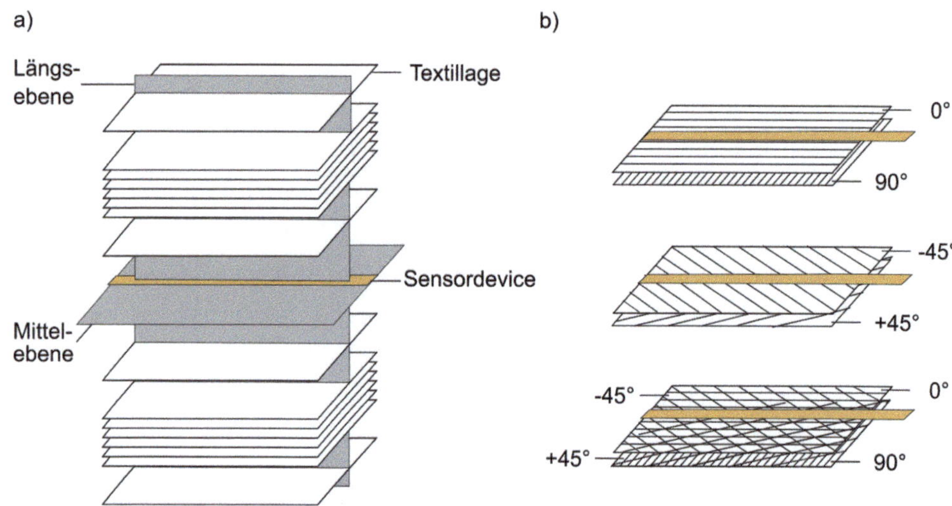


Abbildung 3.2: Laminataufbau der integrierten Struktur, frei nach [141]

*a): Aufbau des Laminatsstacks, b): Strukturvarianten*
Die Stapelfolge des Laminatstacks ist symmetrisch. Das Sensordevice ist in die Mittelebene eingebracht a). Es sind drei Strukturvarianten vorgesehen, bei denen die Ausrichtung der Faserbündel zum integrierten Sensordevice variiert b).

grierten Sensordevice orientiert. Bei der Variante 2 sind die Faserbündel $\pm45°$ zum integrierten Sensordevice orientiert. Die Variante 3 hat eine Faserausrichtung von 0°, -45°, 90° und 45° zum Sensordevice, die Bauteileigenschaften sind dadurch weniger anisotrop. Mit dem verwendeten textilen Carbonfaserhalbzeug (Anhang A) ergibt sich für die 4 mm dicke integrierte CFK-Strukturplatte ein Laminat aus acht textilen Doppellagen, $[0°/90°]_8$ beziehungsweise $[\pm45°]_8$. Zusätzlich wird eine 4 mm dicke CFK-Strukturplatte ohne ein integriertes Sensordevice mit einer maximalen Anzahl von 14 Lagen hergestellt, $[0°/90°]_{14}$ beziehungsweise $[\pm45°]_{14}$. Mit dem verwendeten textilen Glasfaserhalbzeug (Anhang A) ergibt sich für die 4 mm dicke integrierte GFK-Strukturplatte ein Laminat aus vier textilen Quadraxiallagen, $[0°/-45°/90°/45°]_4$. Abbildung 3.3 zeigt weitere Bauteildemonstratoren mit einem verdeckten Einbau des Sensors. Beide Bauteile wurden mit dem RTM hergestellt.

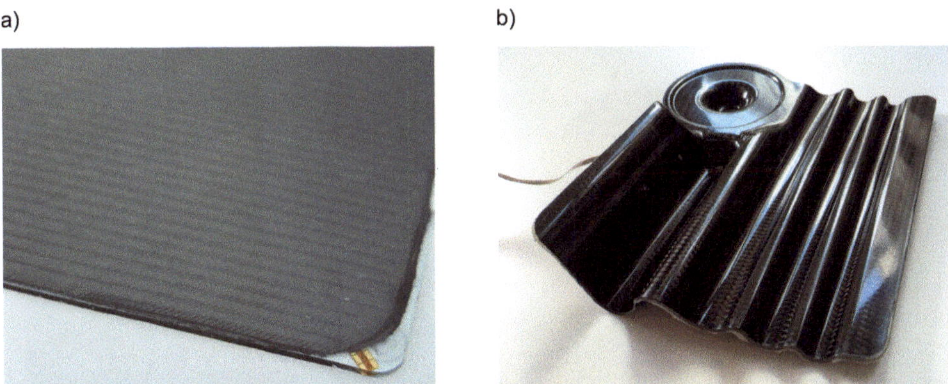



Abbildung 3.3: CFK-Bauteile der integrierten Struktur [141], [142]

*a): Integrierte Strukturplatte, b): Integrierte Struktur mit komplexer Geometrie [141]*
Der Sensor ist als verdeckter Einbau in die Struktur integriert. Das Strukturbauteil besitzt beidseitig ebene Oberflächen. Ein Ende des Sensordevices ist für die Anbindung an die Peripherie seitlich am Bauteil herausgeführt.

## 3.3  Integrationstechnologie

Eine abgestimmte Integrationstechnologie ist entscheidend für die gute Bauteilqualität der integrierten Struktur. Als Herstellungsverfahren wird das RTM verwendet. Die Prozessparameter beim RTM sind moderat im Vergleich zu den Standardtechnologien zur Kapselung von Elektronik. Bei einer guten Prozessführung ist also keine übermäßige Belastung des Sensordevices durch den Integrationsprozess zu erwarten. Zudem ist das Verfahren ein guter Kompromiss aus der erzielbaren Bauteilqualität (Oberflächen), der Zykluszeit und der möglichen Seriengröße (vgl. Tabelle 2.3, Abschnitt 2.1.2).

Für die Integration des Sensordevices wird eine spezielle Werkzeugtechnologie entwickelt (Abbildung 3.4 a)). Als Basis dienen Vorstudien mit unterschiedlichen Varianten der Harzinjektionstechnik [143]–[145]. Zusätzlich wird eine Einflussanalyse für die Optimierung der Prozessanalyse durchgeführt [143]. Die Werkzeugtechnologie ermöglicht die optimierte Handhabung des Sensordevices. Die Geometrie der Werkzeugform ist eine ebene Platte von $(l \times b \times s)$ 280 mm × 280 mm × 4 mm. Sie

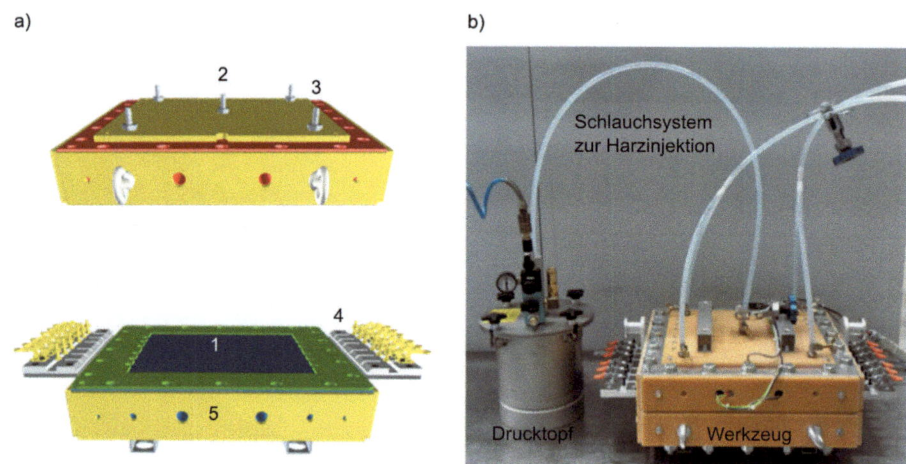



Abbildung 3.4: RTM-Herstellungstechnologie der integrierten Struktur

*a): CAD-Darstellung des Werkzeugaufbaus, b): Herstellungsverfahren (Aufbau)*
Der Werkzeugaufbau a), besteht aus der Werkzeugform 1, dem Anguss 2, einer Absaugung 3, Positioniersystemen für das Sensordevice 4 und einer Werkzeugtemperierung 5. Für die Harzinjektion sind an das Werkzeug ein Drucktopf und ein Vakuumsystem (im Bild nicht dargestellt) angeschlossen b).

bildet das spätere Strukturbauteil ab. In die Platte sind bis zu sechs parallel verlaufende Sensordevices integrierbar. Um beidseitig ebene Oberflächen der Strukturplatte zu erzielen, sind in der Werkzeugform keine Negativformen für das integrierte Sensormodul eingebracht. Das Sensormodul drückt sich beim Schließen des Werkzeugs in das Laminat ein, sodass die Textillagen des Stacks lokal komprimiert sind. Die beidseitig steifen Werkzeugformen gleichen zufällig auftretende Höhenirregularitäten aus. Zur präzisen Positionierung des Sensordevices im Laminat ist das Werkzeug mit Positionier- und Fixiersystemen versehen. Das Sensordevice wird in die Werkzeugform eingelegt und die Flexträgerenden beidseitig herausgeführt, ausgerichtet und fixiert. Die Abdichtung der Werkzeugform ist so ausgelegt, dass die Flächenpressung die nach außen geführten Flexträgerenden nicht kritisch belastet.

Die Bauteilqualität ist stark abhängig vom Harzfluss und den Aushärtebedingungen im Werkzeug [143]–[146]. Für einen guten Fließfrontfortschritt des Harzes wird die Werkzeugform daher während der druckbeaufschlagten Harzinjektion mit

Vakuum evakuiert. Begleitende Prozessstudien zeigen damit eine zuverlässige Prozessstabilität [143], [144]. Für die Harzinjektion sind ein Vakuumsystem (Typ Vacmobile RT19/11, Vacmobiles Limited, Auckland, Neuseeland) und ein Drucktopf mit einem maximalen Betriebsdruck von 6 bar an das Werkzeug angeschlossen (Abbildung 3.4 b)). Die Harzinjektion erfolgt in die aufgeheizte Werkzeugform. Dazu hat die Unterform des Werkzeugs eine elektrisch geregelte Werkzeugtemperierung. Die beheizte Form setzt die Harzviskosität gleichmäßig herunter, was die Fließfähigkeit bei der Durchtränkung des Laminats verbessert. Die Aushärtung der Strukturplatte erfolgt ebenfalls im aufgeheizten Werkzeug. Die erhöhte Temperatur hebt die Glasübergangstemperatur des Harzes an. Dadurch steigt der Vernetzungsgrad des Strukturbauteils, was sich positiv auf die Temperatur-, Feuchte- und Medienbeständigkeit auswirkt [147].

Die verwendeten Prozessparameter bei der Herstellung der Probekörper und Demonstratoren für die Anaysen dieser Arbeit sind in Anhang A angeführt. In den folgenden Kapiteln wird durch geeignete Untersuchungen ein Nachweis durchgeführt, dass die vorliegende Umsetzung der Sensorintegration die Anforderungen der technologischen Zielbeschreibung erfüllt.

# Kapitel 4

# Analyse der Struktureigenschaften

Die Bewertungsgrundlage für die sensorintegrierte Struktur (*integrierte Struktur*) ist eine Struktur ohne ein integriertes Sensordevice, ansonsten aber mit einem identischen Laminataufbau und der gleichen Plattendicke von 4 mm (*einfache Struktur*). Die Referenz der Bewertung ist eine Struktur ohne ein integriertes Sensordevice, mit einem hohen Fasergehalt (*Referenzstruktur*). Die Referenzstruktur hat den gleichen Grundaufbau wie die einfache Struktur. Der Laminataufbau besitzt aber die maximale Anzahl an Textillagen, die mit der Plattendicke von 4 mm ohne ein integriertes Sensordevcie möglich ist.

## 4.1 Strukturelle Bauteilqualität

Die Bauteilqualität ist durch die Beschaffenheit der Gesamtstruktur und durch die Integrationsqualität lokal am Sensormodul in der Struktur bestimmt. Die Untersuchungen erfolgen an beiden Strukturvarianten, $[0°/90°]_s$ und $[\pm 45]_s$.

### 4.1.1 Methode und Prüfung

Die Eigenschaften der FVK-Strukturen werden über thermische und chemische Prüfmethoden bestimmt. Darüber hinaus erfolgen optische Prüfungen mit der Computertomographie (CT), der Rasterelektronenmikroskopie (REM) und der energiedispersiven Röntgenanalyse, für eine qualitative Analyse und Darstellung der inneren Struktur.

Die Zielgrößen zur Untersuchung der Strukturbeschaffenheit sind typische Kriterien, die die Eigenschaften von FVK-Strukturen bestimmen:

- **Der Fasergehalt**: Der Fasergehalt korreliert mit den mechanischen Bauteileigenschaften einer FVK-Struktur. Ein stark schwankender Fasergehalt äußert sich in einer starken Streuung der mechanischen Kennwerte.

- **Der Vernetzungsgrad:** Am Vernetzungsgrad zeigt sich, ob die Prozessparameter bei der Herstellung gut gewählt sind und die Struktur vor der Entformung vollständig vernetzt ist. Der Vernetzungsgrad ist für das Verformungsverhalten des späteren FVK-Bauteils bestimmend.

- **Die Faserimprägnierung:** Auch an der Faserimprägnierung zeigt sich die Güte des Herstellungsprozesses. Ist die Imprägnierung inhomogen oder liegen Hohlräume im Matrixharz vor, äußert sich das in der Bauteilmechanik.

- **Die Faser-Matrix-Anbindung:** Eine gute Faser-Matrix-Anbindung ermöglicht eine gute Krafteinleitung in die Struktur und zeigt sich in der Bauteilfestigkeit. Zudem ist sie wesentlich für die feste Fixierung des Sensormoduls in der integrierten Struktur.

Die Zielgrößen zur Untersuchung der Integrationsqualität betreffen den Zustand lokal am integrierten Sensormodul. Sie sind wesentlich für die fehlerfreie Sensierung:

- **Die Position des Sensormoduls:** Um Quereinflüsse bei der Sensierung zu vermeiden, ist für die technologisch etablierte Anschraubung des Sensors eine maximale Winkelabweichung vorgegeben [131]. Die Position des integrierten Sensormoduls in der Struktur darf diesen Wert nicht überschreiten.

- **Die Kapselung des Sensormoduls:** Die Anhäufung an Reinharz soll das Sensormodul in der Struktur umschließen und eine Kapselung ohne eine Porosität ausbilden. Die Kapselung sorgt dafür, dass das Sensormodul fest in der Struktur angebunden ist. Das ist wesentlich für die fehlerfreie Sensierung. Die Kapselung ersetzt außerdem das Sensorgehäuse. Zudem kann sie als ein Einschluss in der Struktur die Bauteilmechanik beeinflussen.

- **Faserumlenkungen am Sensormodul:** Faserumlenkungen beeinflussen das mechanische Strukturverhalten maßgeblich. Sie stören den Kraftverlauf in der Struktur. Umlenkungen können insbesondere an Einschlüssen wie das integrierte Sensormodul auftreten. Das Ausmaß sollte möglichst gering sein.

**Prüfequipment**

Die Bestimmung des Fasergehalts erfolgt nach DIN EN 2564. Sie wurde am Institut für Flugzeugbau (Universität Stuttgart, Deutschland) beauftragt. Der Vernetzungsgrad wird mit Hilfe der Differential Scanning Calorimetry (DSC) auf einem Gerät des Typs DSC Q2000 (Ta Instruments, England) untersucht. Auch eine eventuelle Nachvernetzung der Probe wird bestimmt. Die Beurteilung der Faserimprägnierung erfolgt mit der Rasterelektronenmikroskopie. Die REM-Aufnahmen werden an Querschliffen mit einem Zeiss Supra 55 VP (Carl Zeiss Microscopy GmbH, Deutschland) erstellt. Die Faser-Matrix-Anbindung wird ebenfalls mit der REM untersucht. Dabei werden die Bruchbilder eines Kryobruchs der Probe betrachtet. Um Aufschluss über die Probenzusammensetzung zu erhalten, erfolgt zusätzlich eine energiedispersive Röntgenanalyse.

Die Bewertung der Integrationsqualität erfolgt mittels Computertomographie. Dazu dienen die Aufnahmen eines Computertomographen Vltomelx (GE Sensing+Inspection Technologies, Deutschland) mit einer 225 kV Mikrofokusröhre.

Die Proben werden mit einer Labortrennsäge DIADISC 4200 (Mutronic GmbH, Deutschland) aus CFK-Strukturplatten entnommen. Die Probengeometrie und die Probenanzahl entsprechen dem Standard des jeweiligen Analyseverfahrens.

### 4.1.2 Ergebnisse zur Strukturbeschaffenheit

Der Faservolumengehalt der integrierten Struktur ($[0°/90°]_8$, $[\pm45]_8$) ist im Mittel 34 %$_\text{Vol.}$ (Standardabweichung (SD): 0,34) bei einer gemittelten Dichte von $1{,}4\,\frac{g}{cm^3}$ (SD: 0,00). Die einfache Struktur ($[0°/90°]_8$, $[\pm45]_8$) hat ebenfalls im Mittel einen Fasergehalt von 34 %$_\text{Vol.}$ (SD: 0,27) bei einer gemittelten Dichte von $1{,}4\,\frac{g}{cm^3}$ (SD: 0,00). Der Fasergehalt der Referenzstruktur ($[0/90]_{14}$, $[\pm45]_{14}$) ist im Mittel 60 %$_\text{Vol.}$ (SD: 0,02) bei einer gemittelten Dichte von $1{,}5\,\frac{g}{cm^3}$ (SD: 0,00). Die Schwankung des Fasergehalts ist bei allen drei Strukturen unauffällig.

Bei der DSC erfolgen die Aufheizphasen von -20°C auf 250°C. Bei einzelnen Proben verschiebt sich der Glasübergang zwischen der ersten und der zweiten Aufheizphase um etwa 5°C. Das kann die Folge einer geringen, nicht messbaren Nachvernetzung oder einer beginnenden Alterung bei 250°C sein. Die Proben zeigen aber insgesamt keine nennenswerte Nachvernetzung. Das bestätigt, dass die integrierte Struktur, die einfache Struktur und die Referenzstruktur bei der Herstellung vollständig vernetzt sind.

Die Imprägnierung der Fasern mit der Matrix ist bei der integrierten Struktur, der einfachen Struktur und der Referenzstruktur gut. Das wird am Beispiel der REM-Aufnahme des Querschliffs bei der Referenzstruktur $[0/90]_{14}$ deutlich (Abbildung 4.1 a)). Aufgrund ihres hohen Fasergehalts stellt die vollständige Imprägnierung insbesondere bei der Referenzstruktur eine Herausforderung dar. Beim dargestellten Querschliff sind die Fasern überwiegend homogen imprägniert und es liegen keine größeren Fehlstellen vor. Die Aufnahmen einzelner Proben zeigen vernachlässigbare Hohlräume im Matrixharz. Zudem sind die Faserstränge teilweise etwas verschoben. Das ist auf die Beschaffenheit des Faserhalbzeugs und damit nicht direkt auf die Strukturbeschaffenheit zurückzuführen.

Die Qualität der Faser-Matrix-Anbindung wird am Stickstoffbruch der Referenzstruktur $[0/90]_{14}$ deutlich (Abbildung 4.1 b)). Die REM-Aufnahme ist repräsentativ für die Bruchbilder der integrierten Struktur und der einfachen Struktur. Die Aufnahme zeigt eine vollständige Benetzung der Fasern. Dennoch ist an der Bruchfläche nur wenig an der Carbonfaser anhaftendes Epoxidharz erkennbar. Die Oberfläche der Carbonfasern ist im Bruchbild auffallend glatt. Eine zusätzliche Röntgenanalyse an Proben von nicht imprägniertem Textil bestätigt das. Die Carbonfaser hat auch im trockenen Zustand eine sehr glatte Oberfläche ohne auffällige Längsriefen. Der Charakter der Anbindung zwischen der Faser und der Matrix ist somit keine herstellungsbedingte Eigenschaft der Struktur, sondern ist durch die Beschaffenheit des Faserhalbzeugs bestimmt.

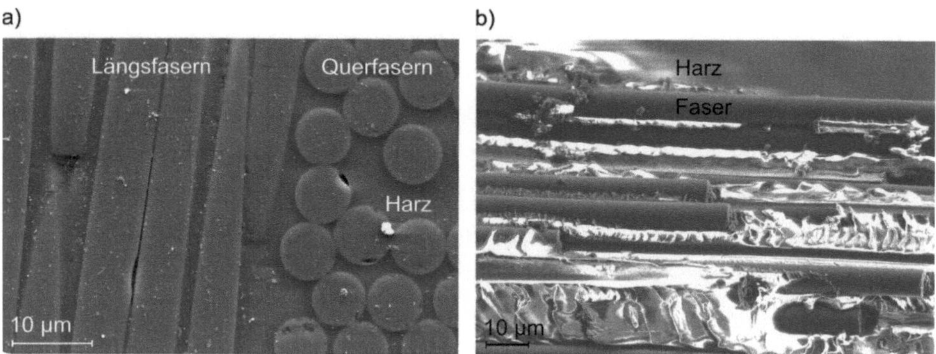


Abbildung 4.1: Imprägnierung und Faser-Matrix-Anbindung der Struktur

*a): Imprägnierung der Fasern, b): Faser-Matrix-Anbindung*
*Analyseverfahren: Rasterelektronenmikroskopie*
Dargestellt sind Aufnahmen der Referenzstruktur $[0/90]_{14}$. Sie sind aussagekräftig für
alle Strukturen. Beim Querschliff a), sind die Fasern homogen und ohne Fehlstellen
imprägniert. Die Fasern sind vollständig benetzt. Dennoch haftet an der Bruchstelle b),
nur wenig Epoxidharz an den Fasern. Die Ursache ist die erkennbare auffallend glatte
Oberfläche der Einzelfaser.

### 4.1.3 Ergebnisse zur Integrationsqualität

Zur Beurteilung der Position des Sensormoduls in der Struktur wird in den Aufnahmen der Computertomographie (CT) die kontaktierte Unterseite des Moduls
auf die Unterseite der Strukturplatte referenziert. Es wird die Winkelabweichung
gemessen. Bei beiden Strukturvarianten ($[0/90]_8$, $[\pm45]_8$) beträgt die Winkelabweichung weniger als 1°. Abbildung 4.2 zeigt beispielhaft eine Aufnahme über den
Querschnitt der integrierten Struktur $[0/90]_8$ in der Sichtebene des Sensordevices.
Darin ist die Winkelabweichung von der Plattenunterseite markiert. Die Aufnahme
in Abbildung 4.2 zeigt auch, dass das Sensormodul vollständig vom Harz gekapselt
ist. Lateral an den Seiten und Kanten des Moduls sind keine harzfreien Bereiche
erkennbar. Das Reinharz und die angrenzenden Laminatlagen formen die Oberseite
des Moduls gut ab. Der Flexträger ist in der Struktur angebunden. Repräsentativ sind auch die Aufnahmen der Draufsicht a), und die Aufnahmen über den
Querschnitt b), c), der integrierten Struktur $[\pm45]_8$ in Abbildung 4.3. Die CT-
Aufnahmen zeigen die gute Beschaffenheit der Harzkapselung auf. Die Kapselung

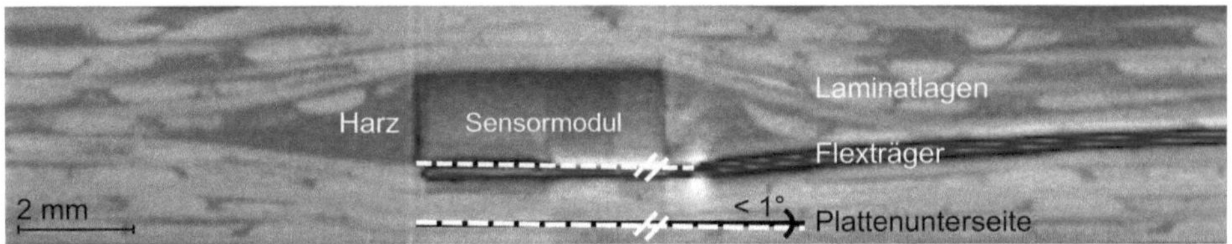


Abbildung 4.2: Lage des Sensormoduls der integrierten Struktur [142]

*Analyseverfahren: Computertomographie*
Dargestellt ist die Aufnahme über den Querschnitt der integrierten Struktur $[0/90]_8$ in der Sichtebene des Sensordevices. Die Winkelabweichung der Position des Sensormoduls ist auf die Unterseite der Strukturplatte referenziert. Das Sensormodul ist vom Harz gekapselt. Lateral an den Kanten des Moduls sind keine harzfreien Bereiche, die Oberseite des Moduls ist gut abgeformt. Der Flexträger ist im Laminat angebunden.

hat keine Fehlstellen oder Risse und ist quasi porenfrei. Die Größe und die Anzahl der vorhandenen Poren deuten darauf hin, dass die vorliegende Porosität unkritisch ist. Die Beschaffenheit der Kapselung ist vergleichbar mit der Beschaffenheit eines üblichen Epoxidharzvergusses von Elektronik [133]. An den CT-Aufnahmen wird die Größe der kreisförmigen Kapselung vermessen. Sie ist in Abbildung 4.3 a) annäherungsweise markiert. Die Diagonale des Bereichs beträgt im Mittel 10,2 mm (SD: 2,2).

Für die Ergebnisse zur Beurteilung der Faserumlenkung am Sensormodul ist Abbildung 4.4 repräsentativ. Sie zeigt die CT-Aufnahmen der Draufsicht auf die integrierte Struktur in der Variante $[\pm45]_8$ a), und der Variante $[0/90]_8$ b). Bei beiden Strukturvarianten ist der Verlauf der Faserstränge am Sensormodul ungestört. Das Ausweichen der Fasern oberhalb und unterhalb des Sensormoduls ist durch die Bauteilauslegung unvermeidbar (Abbildung 4.2, 4.3). Die Aufnahmen der Draufsicht zeigen aber, dass die Fasern am integrierten Sensormodul nicht zusätzlich seitlich verschoben sind.

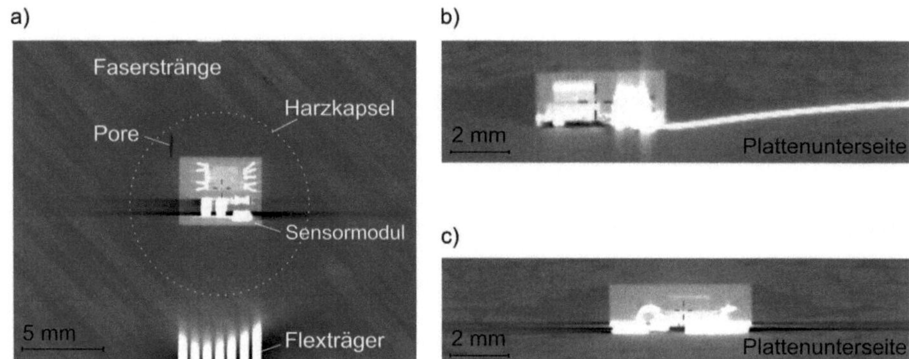


Abbildung 4.3: Integrationsqualität am Sensormodul [142]

*a): Draufsicht, b): Seitenansicht, c): Frontale Ansicht*
*Analyseverfahren: Computertomographie*
Dargestellt sind Aufnahmen der integrierten Struktur [±45]$_8$: Eine Draufsicht auf das Sensormodul a), eine Ansicht seitlich auf das Modul b), und eine Ansicht frontal auf das Modul c). Die Kapselung des Sensormoduls mit Reinharz ist in der Darstellung a) markiert. Sie hat keine Fehlstellen oder Risse und ist quasi porenfrei.

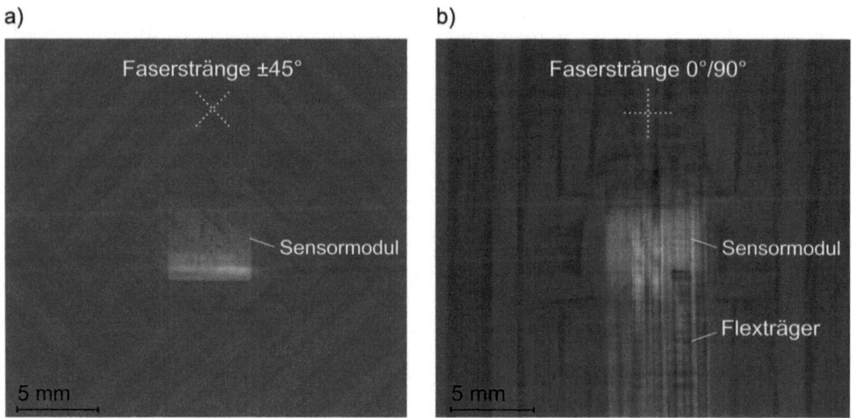


Abbildung 4.4: Faserlage am Sensormodul [142]

*a): Integrierte Struktur [±45]$_8$, b): Integrierte Struktur [0/90]$_8$*
*Analyseverfahren: Computertomographie*
Dargestellt sind Aufnahmen (Draufsicht) der integrierten Strukturen [±45]$_8$ a), und der integrierten Struktur [0/90]$_8$ b). Bei beiden Strukturvarianten ist der Verlauf der Faserstränge am Sensormodul ungestört. Die Fasern sind am integrierten Sensormodul nicht seitlich verschoben.

### 4.1.4 Gesamtergebnis

Die Bauteilqualität der integrierten Struktur wurde über einen Vergleich zur einfachen Struktur und zur Referenzstruktur mit einschlägigen Kriterien untersucht. Es wurden beide Strukturvarianten $[0/90]_s$ und $[\pm 45]_s$ betrachtet. Zunächst bestimmt der Fasergehalt die Strukturmechanik einer FVK-Struktur. Er ist je nach Belastungsfall abhängig vom Einbauort des Strukturbauteils technisch sinnvoll auszulegen. Bei der integrierten Struktur ist der erzielbare Fasergehalt durch die Bauteilauslegung auf etwa $34\,\%_{\mathrm{Vol.}}$ begrenzt. Im Vergleich dazu hat die Referenzstruktur ($[0/90]_{14}$, $[\pm 45]_{14}$) einen Fasergehalt von $60\,\%_{\mathrm{Vol.}}$, der dem Standard bei vielen hoch beanspruchten Strukturbauteilen entspricht [24]. Der Standard kann mit der Auslegung der integrierten Struktur als dünnwandige Platte mit einem verdeckten Einbau des Sensors nicht erreicht werden.

Für das Verformungsverhalten einer FVK-Struktur ist der Vernetzungsgrad der Matrix bestimmend [31]. Ein zu geringer Vernetzungsgrad führt insbesondere zu einer verminderten Festigkeit. Bei der integrierten Struktur, ebenso bei der einfachen Struktur und der Referenzstruktur, ist die Matrix nach der Bauteilherstellung vollständig vernetzt. Für die Bauteilfestigkeit ist auch die Faser-Matrix-Anbindung ausschlaggebend. Die Untersuchungsergebnisse zeigen, dass die Carbonfaser des Faserhalbzeugs eine auffällig glatte Oberfläche besitzt. Laut der Herstellerangabe dient die Polyurethanschlichte der Faser als Haftvermittler für Epoxidharz. Somit erfolgt die Faser-Matrix-Anbindung vorrangig adhäsiv. Die Qualität der adhäsiven Anbindung ist mit den vorliegenden Untersuchungen nicht überprüfbar. Um das zu bewerten, sind chemische Analysen des Harzes und der Schlichte notwendig. Die gute Imprägnierung der Fasern mit der Matrix ist durch die Untersuchungsergebnisse bestätigt. Die Faserimprägnierung wird genauso wie der Vernetzungsgrad vorranging durch die Prozessführung bei der Herstellung eines FVK-Strukturbauteils bestimmt. Die Integrationsqualität der integrierten Struktur erfüllt die Anforderungen an die Sensorintegration. Für die technologisch etablierte Anschraubung des Automobilbeschleunigungssensors am Fahrzeug ist eine maximal zulässige Winkelabweichung vorgegeben. Sie wird vom integrierten Sensordevice mit einer Abweichung von weniger als $1°$ nicht überschritten. Zusätzlich ist eine Kapselung des Sensormoduls in der FVK-Struktur wichtig. Die Ergebnisse zeigen, dass das Sensormodul vollständig von der Matrix umschlossen und damit gekapselt ist. Das Sensormodul ist dadurch an die Struktur angebunden. Weiterführende Analysen der Grenzschicht zwischen der Harzkapselung und den angrenzenden Laminatlagen können den Befund stützen und werden empfohlen. Die Qualität der Kapselung ist gut. Das Sensormodul auf dem Flexträger ist durch die Kapselung von der leitfähigen Carbonfaser der Struktur isoliert. Das dient dem Schutz der Elektronik des Sensormoduls vor einem korrosiven Angriff und grundsätzlich vor eindringenden Medien. Für die mechanische Leistungsfähigkeit sind die Qualität und die Strukturanbindung der Kapselung in der Struktur obligatorisch zur guten Krafteinleitung. Das mechanische Verhalten wird auch maßgebend durch die Faserorientierung und die Krümmungen der Fasern beeinflusst [31]. Aufgrund der Auslegung der integrierten Struktur mit einem verdeckten Einbau des Sensors ist eine Fehlstellung der Fasern durch die Auslenkung oberhalb und unterhalb des Sensormoduls nicht vermeidbar. Die Untersuchungsergebnisse zeigen aber, dass die Fasern nicht zusätzlich seitlich ausgelenkt sind, was die Fehlstellung verstärken würde.

Die Ergebnisse zur Bauteilqualität zeigen, dass die Umsetzung des Integrationsansatzes mit dem neuen Aufbau des Automobilsensors möglich ist. Die Herstellungstechnologie ist zur Herstellung der sensorintegrierten Strukturen geeignet. Es liegen sensorintegrierte Strukturen mit einer guten Bauteilqualität vor. Es werden daher keine Einflüsse auf die mechanische Leistungsfähigkeit und keine Einflüsse auf die Sensierung der integrierten Struktur durch eine mindere Bauteilqualität erwartet.

## 4.2  Mechanische Leistungsfähigkeit

Zur Bewertung der mechanischen Leistungsfähigkeit wird das mechanische Verhalten der integrierten Struktur im Vergleich zur einfachen Struktur unter statischer Belastung untersucht. Im Fokus stehen systematische Merkmale des Verhaltens. Der Begriff *Merkmale* entstammt der Signifikanzbewertung, die der Analyse zugrunde liegt (siehe Anhang C). Als systematische Merkmale werden Auffälligkeiten bei den betrachteten Zielgrößen verstanden, die nicht zufällig auftreten. Die Zielgrößen sind in Abschnitt 4.2.1 dargelegt.

Die Bewertung erfolgen an beiden Strukturvarianten $[0/90]_s$ und $[\pm45]_s$. Bei der integrierten Struktur kann damit festgestellt werden, ob die mechanische Leistungsfähigkeit stark davon abhängig ist, wie die Fasern zum Sensordevice orientiert sind. Die mechanischen Kennwerte der einfachen Struktur und der integrierten Struktur werden zudem mit den Kennwerten der Referenzstruktur verglichen.

### 4.2.1 Methode und Prüfaufbau

Als Prüfmethode werden die mechanischen Prüfungen nach dem Standard einer Bauteilauslegung durchgeführt. Sie umfassen den Prüfumfang in Tabelle 4.1. Nach den mechanischen Prüfungen erfolgt die CT-Analyse der Probekörper. Anhand der CT-Aufnahmen wird das Versagensverhalten der integrierten Struktur analysiert.

| Mechanische Prüfung | Norm | Probekörper |
|---|---|---|
| Zugversuch | DIN EN ISO 527-4 | Typ 3 (Dicke: 4 mm) |
| Druckversuch, Verfahren 1 | DIN EN ISO 14126 | Typ B2 (Dicke: 4 mm) |
| Biegeversuch, Verfahren B | DIN EN ISO 14125 | Klasse IV (Dicke: 4 mm) |

Tabelle 4.1: Prüfumfang zur Bewertung der mechanischen Leistungsfähigkeit

Die Zielgrößen der Untersuchung sind die mechanischen Kennwerte:

- **Zugversuch**: Beim Zugversuch hat der Fasergehalt einen deutlichen Einfluss auf die Steifigkeit und die Festigkeit. Zudem können sich Effekte an der Grenzfläche zwischen dem Sensordevice und der umgebenden Struktur auswirken. Unter anderem ist die Zugfestigkeit abhängig von der Qualität der Anbindung zwischen Fasern und Matrix beziehungsweise zwischen Struktur und Sensordevice. In Anlehnung an die klassische Untersuchung von Klebschichten, sind auch beträchtliche Spannungskonzentrationen am Sensordevice nicht auszuschließen [146], [148], [149]. Die Festigkeit reagiert zudem stark auf Inhomgenitäten im Verbund. Darüber hinaus weisen große Schwankungen beim Zugmodul auf eine heterogene Strukturqualität hin [146]. Bei den Strukturen $[\pm45]_S$ wird die Zugbelastung in Längsrichtung des Sensordevices beziehungsweise $\pm45°$ zu den Fasern eingeleitet. Das ist mit einem Zugversuch an 45°-Laminaten vergleichbar [150]. Die Bestimmung der Steifigkeit erfolgt bei 5 % Schubverformung.

- **Druckversuch**: Bei FVK-Strukturen ist die Beanspruchung von Stäben und Platten unter Druckbelastung stark von Imperfektionen abhängig. Eine Versagensform ist das Knickversagen durch Schubspannungen zwischen den Fasern [151]. Die Schubspannungen resultieren aus einer Fehlstellung der Fasern. Bei der integrierten Struktur sind die Faserstränge oberhalb und unterhalb des Sensormoduls ausgelenkt. Die Auswirkung dieser Fehlstellung wird beim mechanischen Verhalten der integrierten Struktur unter Druckbelastung deutlich. Das Versagensverhalten bei Drucklast gibt anhand der Grenzflächeneffekte auch Aufschluss über die Qualität der Anbindung.

- **Biegeversuch**: Am Beispiel der Biegelast wird die Integration des Sensordevices in eine lastfreie Zone erprobt. Das Sensordevice ist in der Mittelebene des Laminats integriert. Bezüglich der Richtung der Lasteinleitung im Biegeversuch werden in dieser Ebene Biegespannungen vermieden. Außerdem ermöglicht das mechanische Verhalten unter der Biegebelastung Rückschlüsse auf die Strukturqualität. Bei FVK wird das Biegeverhalten durch den Porengehalt und die Faser-Matrix-Anbindung beeinflusst [100].

**Prüfequipment und Probekörper**

Die Probekörpergeometrie (Abbildung 4.5) entspricht den Angaben in den Normen in Tabelle 4.1. Die Probekörper der integrierten Struktur haben jeweils ein eingebrachtes Sensordevice. Das Sensordevice liegt auf den Symmetrieachsen, sodass das darauf applizierte Sensormodul im Nullpunkt der Probe ist. Die Probekörper werden aus CFK-Strukturplatten entnommen. Für die Messung der Längs- und Querdehnungen sind darauf Dehnungsmessstreifen (Hottinger Baldwin Messtechnik GmbH, Deutschland) aufgebracht. Die Probekörper werden vor den mechanischen Prüfungen auf Umgebungsklima nach DIN EN 2743 konditioniert. Die Probekörperanzahl entspricht der Angabe in den Normen.

Die Probenpräparation und die mechanischen Prüfungen wurden am Institut für Flugzeugbau (Universität Stuttgart, Deutschland) beauftragt. Dort erfolgten der Zugversuch und der Druckversuch mit einer Zugprüfmaschine Modell Inspekt 250 (Hegewald und Peschke Mess- und Prüftechnik, Nossen) mit einer Kraftmessdose von 250 kN. Beim Druckversuch wurde eine 10 mm Celanese-Vorrichtung zur Einspannung der Probekörper eingesetzt. Der Biegeversuch erfolgte mit einer Universalprüfmaschine Modell Inspekt table 20 (Hegewald und Peschke Mess- und Prüftechnik, Nossen). Die Durchbiegung wurde optisch mit einem RTSS Videoextensiometer (LIMESS Messtechnik und Software, Krefeld) gemessen.

Die CT-Analyse des Versagensverhaltens wird mit einem Computertomograph Vltomelx (GE Sensing & Inspection Technologies, Stuttgart) mit einer Mikrofokusröhre von 225 kV durchgeführt.

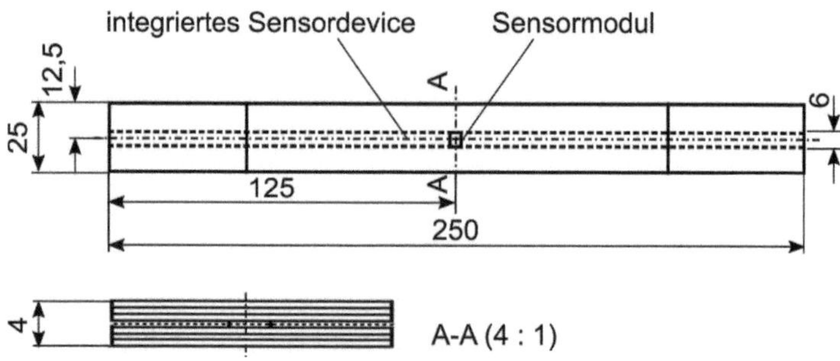


Abbildung 4.5: Pobekörper der mechanischen Prüfung der integrierten Struktur

*Maßangaben in mm*
Dargestellt ist die Grundgeometrie des Probekörpers der mechanischen Prüfungen, am Beispiel der Zugprobe. Der Probekörper hat ein integriertes Sensordevice. Das Sensordevice befindet sich auf den Symmetrieachsen, das darauf applizierte Sensormodul liegt im Nullpunkt.

### 4.2.2 Ergebnisse

Zur Berechnung der mechanischen Kennwerte dienen die Probekörpermaße und die Messlängen der Versuche. Die Kennwerte werden als Mittelwerte aus den Einzelversuchen berechnet. Die Streuung der Messergebnisse ist durch die Standardabweichungen angegeben. Falls ein mechanischer Kennwert der integrierten Struktur vom mechanischen Kennwert der einfachen Struktur abweicht, wird das als ein Merkmal aufgefasst. Für die Merkmalsausprägung wird die Signifikanz berechnet. Die Signifikanzbewertung (Anhang C) versteht die Messreihe der einfachen Struktur gegenüber der Messreihe der integrierten Struktur als eine Messwiederholung vor und nach einer Behandlung. Die *Behandlung* ist die Integration des Sensordevices in die FVK-Struktur. Die Signifikanz eines Merkmals ist mit der dreistufigen Sternsymbolik nach [152] gekennzeichnet: [*], falls viel gegen die Nullhypothese spricht. [**], falls sehr viel gegen die Nullhypothese spricht. [***], falls fast alles gegen die Nullhypothese spricht. Die Nullhypothese lautet: „Es liegen keine Behandlungseffekte vor".

Zunächst ergibt die CT-Analyse, dass bei allen Strukturen eine nach Norm akzeptierte Versagensart vorliegt [150], [153]–[155]. Tabelle 4.2 zeigt eine Übersicht der ermittelten mechanischen Kennwerte. Für den Vergleich der integrierten Struktur mit der Referenzstruktur (3. Spalte) und für den Vergleich der integrierten Struktur mit der einfachen Struktur (5. Spalte) sind die berechneten Signifikanzen angegeben. Bei der Berechnung sind die Art der Betrachtung der Stichprobe und der entsprechend verwendete Signifikanztest mitbestimmend. Die Ergebnisse werden im Folgenden einzeln diskutiert.

| Kennwert | Referenzstruk. | | Integ. Struk. | | Einf. Struk. |
|---|---|---|---|---|---|
| **CFK-Strukturen [0/90]s** | | | | | |
| **Zugversuch (DIN EN ISO 527-4)** | | | | | |
| Fasergehalt [%Vol.] | 60 | | 36 | | 35 |
| Zugmodul [GPa] | 69,2 (2,1) | | 43 (1,2) | | 41,4 (1,3) |
| Zugfestigkeit [MPa] | 1064 (98,3) | | 699 (19,0) | * | 607 (48,5) |
| Bruchdehnung [%] | 1,47 (0,05) | | 1,54 (0,03) | * | 1,3 (0,05) |
| **Druckversuch (DIN EN ISO 14126)** | | | | | |
| Fasergehalt [%Vol.] | 62 | | 35 | | 35 |
| Druck E-Modul [GPa] | 69,3 (1,0) | ** | 41,4 (0,2) | | 40,1 (1,5) |
| Druckfestigkeit [MPa] | 572 (22,2) | ** | 283 (37,2) | * | 395 (12,3) |
| Stauchung [%] | 0,92 (0,04) | | 0,71 (0,11) | * | 1,15 (0,06) |
| **Biegeversuch (DIN EN ISO 14125)** | | | | | |
| Fasergehalt [%Vol.] | 61 | | 35 | | 35 |
| Biegemodul [GPa] | 75,3 (3,1) | | 46,6 (2,5) | | 44,5 (2,2) |
| Biegefestigkeit [MPa] | 918 (68,2) | | 683 (28) | | 663 (40,9) |
| Biegedehnung [%] | 1,33 (0,1) | | 1,74 (0,1) | | 1,76 (0,06) |
| **CFK-Strukturen [±45]s** | | | | | |
| **Zugversuch (DIN EN ISO 527-4)** | | | | | |
| Fasergehalt [%Vol.] | 61 | | 35 | | 34 |
| Zugmodul [GPa] | 4,6 (0,04) | | 2,9 (0,03) | | 2,7 (0,2) |
| Zugfestigkeit [MPa] | 62,8 (0,3) | | 51,4 (0,8) | | 50,2 (1,3) |
| **Druckversuch (DIN EN ISO 14126)** | | | | | |
| Fasergehalt [%Vol.] | 60 | | 33 | | 33 |
| Druck E-Modul [GPa] | 15,2 (1,0) | | 10,6 (0,8) | * | 8,3 (0,5) |
| Druckfestigkeit [MPa] | 160,1 (9,4) | ** | 120 (1,2) | | 122 (0,6) |
| Stauchung [%] | 10,27 (0,51) | | 10,87 (0,34) | * | 12,72 (0,02) |

*Mechanische Prüfungen nach DIN EN ISO; Mittelwerte (Standardabweichungen)*
*Referenzstruktur: [0/90]₁₄, [±45]₁₄. Einfache und integrierte Struktur: [0/90]₈, [±45]₈*
*Markierung der signifikanten Merkmalsausprägungen [*/ **/ ***] nach [152]:*
*Integrierte Struktur vs. Referenzstruktur (3. Spalte)*
*Integrierte Struktur vs. einfache Struktur (5. Spalte)*

Tabelle 4.2: Mechanische Kennwerte der [0/90]s, [±45]s CFK-Strukturen [142]

**Struktur [0/90]$_S$, *Zugversuch*:** Beim Zugversuch entspricht die Richtung der Lasteinleitung der Längsrichtung des Sensordevices (Abbildung 4.5). Das Versagensverhalten ist in Abbildung 4.6 dargestellt. Die integrierte Struktur hat statistisch signifikante Merkmale bei der Zugfestigkeit und der Bruchdehnung. Beide Kennwerte sind erhöht: die Zugfestigkeit auf 115 % [*] des Kennwerts der einfachen Struktur, die Bruchdehnung auf 118 % [*] des Kennwerts der einfachen Struktur (Tabelle 4.2). Aufgrund der guten Faser-Matrix-Anbindung führt die eingeleitete Zuglast zu Faserbrüchen, wodurch erhöhte Schubspannungen an den Faserenden entstehen. Diese Störspannungen überlagern sich mit der äußeren Last und wirken bei der integrierten Struktur nicht nur auf die Matrix, sondern auch auf das Sensordevice. Das Sensordevice ist noch tragfähig und nimmt einen Teil der Last auf, bis es ebenfalls versagt. Darauf weist insbesondere die erhöhte Zugfestigkeit der integrierten Struktur gegenüber der einfachen Struktur hin. Dass sich der wesentlich geringere Fasergehalt der beiden Strukturen gegenüber der Referenzstruktur auf die Zugkennwerte auswirkt, ist evident. Das zeigen insbesondere die Kennwerte der einfachen Struktur: Die Zugfestigkeit beträgt 57 % [**] des Kennwerts der Referenzstruktur, der Zugmodul beträgt 60 % [**] des Kennwerts der Referenzstruktur. Die Reduktion spiegelt das Verhältnis der Fasergehalte wieder (34:60). Bei der integrierten Struktur ist der Effekt minimal geringer, dadurch nicht signifikant. Auffällig ist aber die Bruchdehnung, die bei der integrierten Struktur den Kennwert der einfachen Struktur und den Kennwert der Referenzstruktur überschreitet. Das integrierte Sensordevice wirkt der Dehnungsbeanspruchung also entgegen. Insgesamt bestätigt die nicht unübliche Streuung der Kennwerte, dass bei allen Strukturen eine homogene Strukturqualität vorliegt.

Unter der Zugbelastung versagen die integrierte Struktur, die einfache Struktur und die Referenzstruktur durch einen Riss über die Probekörperbreite. Bei der einfachen Struktur und der Referenzstruktur erfolgt der Riss im oberen oder im unteren Drittel des Probekörpers. Bei der integrierten Struktur liegt der Riss auf der Höhe des Sensormoduls (Abbildung 4.6 a)). Auch der Flexträger ist dort gerissen, an den Strukturhälften ist er noch angebunden (Abbildung 4.6 b)). Die mechanischen Kennwerte zeigen, dass das Sensordevice einen Teil der Zugkräfte aufnimmt und erst nach der Struktur versagt (Tabelle 4.2: erhöhte Zugfestigkeit,

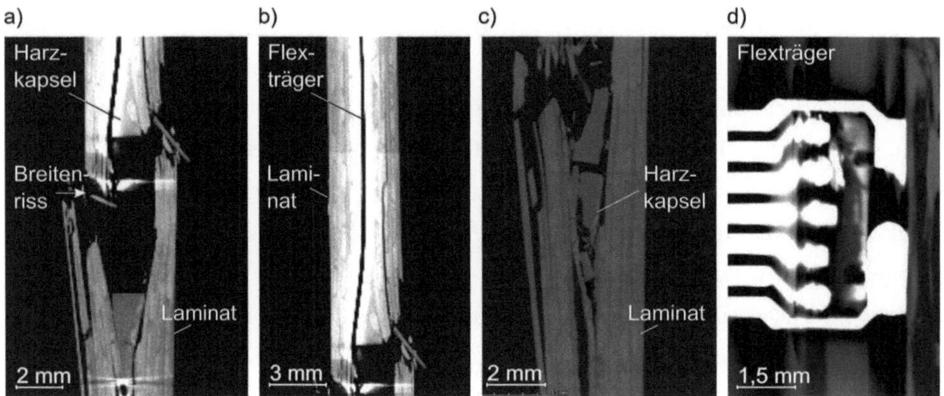



Abbildung 4.6: Schadensbild beim Zugversagen der integrierten [0/90]₈ Struktur

*Analyseverfahren: Computertomographie*
Unter der Zugbelastung erfolgt bei der integrierten Struktur ein Riss auf der Höhe des Sensormoduls a). Auch der Flexträger ist dort gerissen, an den Strukturhälften ist er noch angebunden b). An der Versagensstelle ist die Harzkapselung noch vorhanden, die Ausläufe sind stark zerstört c). Das Harz hat sich mit glatten Trennflächen vom Sensormodul gelöst und am Ort des Sensormoduls liegt ein Ausbruch vor a). Der Flexträger hat sich vom Sensormodul gelöst, die Kontaktierschnittstelle auf dem Träger ist noch erkennbar d).

erhöhte Bruchdehnung). Letztlich ist der Struktureinschluss durch das gekapselte Sensormodul die Schwachstelle. Die Harzkapselung ist noch vorhanden, die Ausläufe sind stark zerstört (Abbildung 4.6 c)). Das Harz hat sich ohne charakteristische Bruchflächen glatt vom Sensormodul gelöst (Abbildung 4.6 a)). Am Ort des Sensormoduls liegt ein Ausbruch vor. Auf dem Flexträger ist die Kontaktierschnittstelle des abgelösten Moduls noch erkennbar (Abbildung 4.6 d)). Die Struktur ist an mehreren Stellen delaminiert, insbesondere an den äußeren Decklagen (Abbildung 4.6 a)).

**Struktur[0/90]ₛ, *Druckversuch*:** Beim Druckversuch entspricht die Richtung der Lasteinleitung der Längsrichtung des Sensordevices (Abbildung 4.5). Das Versagensverhalten ist in Abbildung 4.7 dargestellt. Unter Druckbelastung hat die integrierte Struktur ein signifikantes Merkmal bei der Druckfestigkeit. Sie ist gegenüber der einfachen Struktur auf 72 % [*] reduziert (Tabelle 4.2). Die Fehlstellung der Fasern am Sensormodul bewirkt ein frühzeitiges Versagen durch Knicken. Auch der geringe Fasergehalt der Gesamtstruktur äußert sich stark. Mit Bezug zur Referenzstruktur beträgt die Druckfestigkeit der integrierten Struktur 50 % [**]. Die Druckfestigkeit der einfachen Struktur ist etwas geringer auf 69 % [**] reduziert. Der Druck E-Modul beträgt durch den geringen Fasergehalt bei der integrierten Struktur 60 % [**], bei der einfachen Struktur 58% [**] des Kennwerts der Referenzstruktur. Die Stauchung wird durch einen geringen Fasergehalt in der Regel erhöht. Dies bestätigt die Stauchung der einfachen Struktur. Sie beträgt 125 % [**] des Kennwerts der Referenzstruktur. Die integrierte Struktur weist die erhöhte Stauchung durch den geringen Fasergehalt nicht auf. Es dominiert die Auswirkung des integrierten Sensordevices, was zum vorzeitigen Versagen führt. Die Stauchung der integrierten Struktur beträgt 62 % [*] gegenüber der einfachen Struktur.

Nach der Druckbelastung haben die einfache Struktur (Abbildung 4.7 a)) und die Referenzstruktur (Abbildung 4.7 b)) einen Riss über die gesamte Probekörperbreite. Zusätzlich liegt ein Aufspleißen an den Randschichten vor, sehr stark bei der Referenzstruktur. Die integrierte Struktur hat auf der Höhe des Sensormoduls einen Riss über die Probekörperdicke (Abbildung 4.7 c), d)). Die Harzkapselung ist weitestgehend unbeschädigt, nur die Ausläufe sind teilweise ausgebrochen. Die angrenzenden Laminatlagen sind von der Kapselung delaminiert. Der Flexträger ist noch an die Struktur angebunden. Das Schadensbild weist auf ein Grenzflächenversagen hin. Unter der Druckbelastung hat die Kapselung eine Keilwirkung. Das führt zum gegeneinander Verschieben der Grenzschichten der Kapselung und der angrenzenden Laminatlagen. Die dabei auftretenden Schubspannungen initiieren einen Riss, der sich vom Inneren sukzessive über die Dicke der Struktur ausbreitet. Durch die Fehlstellung der Fasern an der Kapselung ist die Versagensform Schubknicken überlagert.

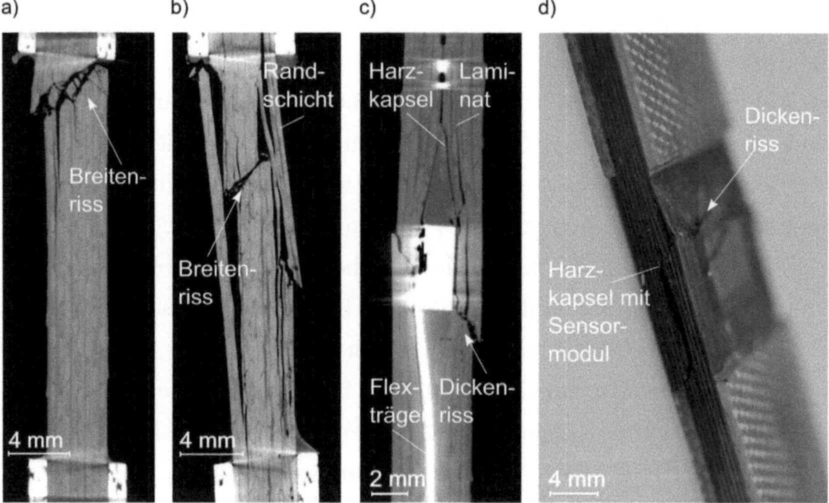


Abbildung 4.7: Schadensbild beim Druckversagen der [0/90]$_\mathrm{S}$ Strukturen [142]

*a): Einfache Struktur, b): Referenzstruktur, c)/d): Integrierte Struktur*
*Analyseverfahren: Computertomographie, Fotografie*
Unter der Druckbelastung haben die einfache Struktur a), und die Referenzstruktur
b), einen Riss über die Probekörperbreite. Die Randschichten sind aufgespleißt. Bei
der integrierten Struktur erfolgt ein Riss über die Probekörperdicke auf der Höhe des
Sensormoduls c), d). Die Harzkapselung ist noch vorhanden aber an den Ausläufen
ausgebrochen. Die angrenzenden Laminatlagen sind delaminiert. Der Flexträger ist noch
in der Struktur angebunden c).

**Struktur [0/90]$_S$, *Biegeversuch*:** Beim Biegeversuch erfolgt die Lasteinleitung über zwei Angriffspunkte senkrecht zur Lagenebene der Struktur (Vierpunktverfahren). Das Versagensverhalten ist in Abbildung 4.8 dargestellt. Unter der Biegebelastung zeigt die integrierte Struktur keine signifikanten Merkmale (Tabelle 4.2). Die Integration des Sensordevices in die Mittelebene des Laminats ist somit wirksam. Das Sensordevice liegt bezüglich der Biegebelastung in einer lastfreien Zone und hat keine Auswirkung auf die mechanischen Biegekennwerte der integrierten Struktur. Die Auswirkung des geringen Fasergehalts zeigt sich bei der einfachen Struktur. Der Biegemodul der einfachen Struktur beträgt 59 % [**] des Kennwerts der Referenzstruktur, die Biegefestigkeit 72 % [**] des Kennwerts der Referenzstruktur. Die Biegedehnung der einfachen Struktur ist auf 132 % [**] des Werts der Referenzstruktur erhöht. Bei der integrierten Struktur sind die Merkmalsausprägungen nur etwas geringer, dadurch aber nicht signifikant. Insgesamt sind die mechanischen Biegekennwerte der integrierten Struktur, der einfachen Struktur und der Referenzstruktur unauffällig. Das bestätigt, dass eine gute Strukturqualität vorliegt.

Unter der Biegebelastung versagen die einfache Struktur (Abbildung 4.8 a): Draufsicht), die integrierte Struktur (Abbildung 4.8 b): Draufsicht, c): Seitenansicht) und die Referenzstruktur durch Randfaserrisse an der zugbelasteten Probekörperseite. Dies entspricht dem typischen Versagen von FVK-Strukturen unter einer Biegebelastung.

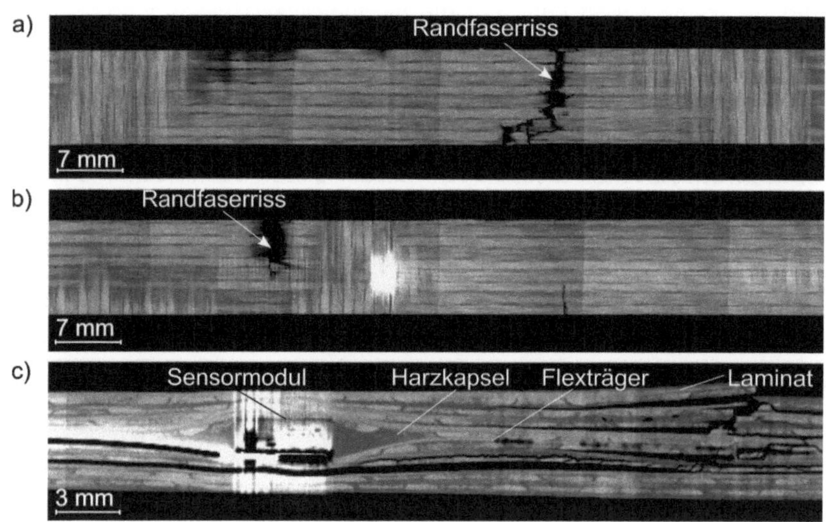


Abbildung 4.8: Schadensbild beim Biegeversagen der [0/90]$_\mathrm{S}$ Strukturen

*a): Einfache Struktur, b), c): Integrierte Struktur*
*Analyseverfahren: Computertomographie*
Unter der Biegebelastung versagen die einfache Struktur, Draufsicht a), und die integrierte Struktur, Draufsicht b), durch Randfaserrisse an der zugbelasteten Probekörperseite. Über die Länge der Probekörper sind einzelne Laminatlagen delaminiert, am Beispiel der Seitenansicht der integrierten Struktur c). Die Harzkapselung und das Sensormodul in der Struktur sind unbeschädigt. Der Flexträger ist noch in der Struktur angebunden c).

Über die Probekörperlänge sind einzelne Laminatlagen delaminiert. Das zeigt Abbildung 4.8 c), am Beispiel der Seitenansicht der integrierten Struktur. Das weist auf interlaminare Scherspannungen hin, die durch die Biegebelastung verursacht werden. Die Delaminationen liegen bei allen drei Strukturen vor. Die integrierte Struktur zeigt im Vergleich zur Referenzstruktur und im Vergleich zur einfachen Struktur keine Besonderheiten beim Versagensverhalten. Die Harzkapselung und das Sensormodul im Inneren sind unbeschädigt. Der Flexträger ist noch in der Struktur angebunden (Abbildung 4.8 c)).

**Struktur [±45]s, *Zugversuch*:** Beim Zugversuch entspricht die Richtung der Zugbelastung der Längsrichtung des Sensordevices und liegt somit ±45° zu den Fasern (Abbildung 4.5). Das Versagensverhalten ist in Abbildung 4.9 dargestellt. Die integrierte Struktur hat keine signifikanten Merkmale gegenüber der einfachen Struktur (Tabelle 4.2). Das integrierte Sensordevice hat also durch die Faserorientierung ±45° keinen auffälligen Einfluss auf die Verteilung der Zugbelastung in der Struktur. Die Auswirkungen des geringen Fasergehalts zeigen die Kennwerte der einfachen Struktur. Die Zugfestigkeit der einfachen Struktur beträgt 80 % [**] des Kennwerts der Referenzstruktur, der Zugmodul beträgt 59 % [**] des Kennwerts der Referenzstruktur. Die Reduktion des Zugmoduls entspricht etwa dem Verhältnis der Fasergehalte (34:60). Die Differenzen zwischen den Kennwerten der integrierten Struktur und den Kennwerten der Referenzstruktur sind nur etwas geringer, aber dadurch nicht signifikant.

Unter der Zugbelastung versagt die Referenzstruktur durch starke Delaminationen der Einzellagen, insbesondere die Decklagen sind abgespleist (Abbildung 4.9 a)). Die integrierte Struktur (Abbildung 4.9 b), c) rechts) und die einfache Struktur (Abbildung 4.9 c) links) haben keine sichtbaren Strukturschäden. Bei der integrierten Struktur liegen auch im Inneren keine Delaminationen entlang der Harzkapselung oder entlang des Flexträgers vor (Abbildung 4.9 c) rechts). Der Flexträger ist auch nach dem Strukturversagen noch in der Struktur angebunden. Die dunklen Bildbereiche sind Überstrahlungsartefakte der metallischen Leiterbahnen auf dem Flexträger und weisen nicht auf ein Ablösen hin. An den mechanischen Kennwerten wird deutlich, dass das integrierte Sensordevice zunächst Widerstand gegen die Zugbelastung leistet (Tabelle 4.2: erhöhter Zugmodul, erhöhte Zugfestigkeit). Der Einschluss in der Struktur in Form des Sensormoduls ist letztendlich die Schwachstelle des Verbunds, die zum Versagen führt. Die Harzkapselung ist durch die Zugbelastung beschädigt. Die Kapselung hat an der Grenzfläche zum Sensormodul einen Riss und das Harz ist über einen größeren Bereich vom Sensormodul abgelöst (Abbildung 4.9 d)). Das Schadensbild weist auf ein Grenzflächenversagen hin.

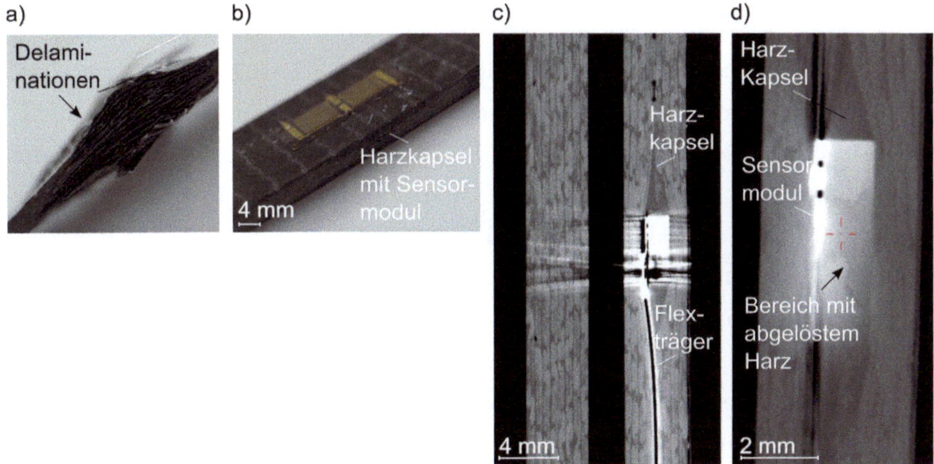


Abbildung 4.9: Schadensbild beim Zugversagen der [±45]$_\mathrm{S}$ Strukturen

*a): Referenzstruktur, b): Integrierte, c): Einfache/integrierte, d): Integrierte Struktur*
*Analyseverfahren: Computertomographie, Fotografie*
Unter der Zugbelastung versagt die Referenzstruktur durch starke Delaminationen a).
Die integrierte Struktur b), c) und die einfache Struktur c), haben keine sichtbaren
Strukturschäden. Der Flexträger ist noch in der integrierten Struktur angebunden. Die
Kapselung hat sich an der Grenzfläche zum Sensormodul über einen größeren Bereich
abgelöst d).

**Struktur [±45]$_\mathrm{S}$, *Druckversuch*:** Beim Druckversuch entspricht die Richtung der Druckbelastung der Längsrichtung des Sensordevices und liegt somit ±45° zu den Fasern (Abbildung 4.5). Das Versagensverhalten ist in Abbildung 4.10 dargestellt. Die integrierte Struktur hat signifikante Merkmale beim Druck E-Modul und bei der Stauchung: Der Druck E-Modul beträgt 128 % [*] des Kennwerts der einfachen Struktur, die Stauchung beträgt 86 % [*] des Kennwerts der einfachen Struktur (Tabelle 4.2). Da nicht die Faserstränge sondern nur das Sensordevice in die Lastrichtung orientiert sind, hat das integrierte Device einen steigernden Effekt auf den Druck E-Modul. Es trägt einen Teil der eingeleiteten Drucklast. Umgekehrt verursacht das Sensordevice ein vorzeitiges Versagen durch Stauchung. Der geringe Fasergehalt äußert sich bei der Faserorientierung ±45° stark. Bei der einfachen Struktur beträgt der Druck E-Modul 55 % [**] des Kennwerts der Referenzstruktur, die Druckfestigkeit beträgt 76 % [**] des Kennwerts der Referenzstruktur und die Stauchung beträgt 124 % [**] des Kennwerts der Referenzstruktur. Bei der integrierten Struktur ist die Auswirkung des geringen Fasergehalts nur bei der Druckfestigkeit signifikant. Sie ist bei der integrierten Struktur auf 75 % [**] des Kennwerts der Referenzstruktur reduziert. Auch der Druck E-Modul der integrierten Struktur ist stark, jedoch nicht signifikant reduziert im Vergleich zur Referenz. Die Stauchung ist bei der integrierten Struktur nur geringfügig höher als bei der Referenzstruktur.

Unter der Druckbelastung zeigen die Referenzstruktur (Abbildung 4.10 a)), die einfache Struktur (Abbildung 4.10 b)) und die integrierte Struktur (Abbildung 4.10 c), d)) die Versagensform Schubknicken. Da die Fasern der Strukturen nicht in der Hauptlastrichtung liegen, können sie die eingeleiteten Kräfte nicht vollständig aufnehmen und es erfolgt ein Faserknicken. Dies verursacht Schichttrennungen, die bei der integrierten Struktur zu Delaminationen entlang der Harzkapselung führen (Abbildung 4.10 c)). Dadurch wird die Drucklast von der umgebenden Struktur in die steife Harzkapselung eingeleitet. Es erfolgt ein Riss in der Kapselung, was zum Versagen der Gesamtstruktur führt. Der Effekt wird an den mechanischen Kennwerten deutlich (Tabelle 4.2: reduzierte Stauchung). Der Flexträger ist trotz des Strukturversagens weiterhin in der Struktur angebunden (Abbildung 4.10 c)).

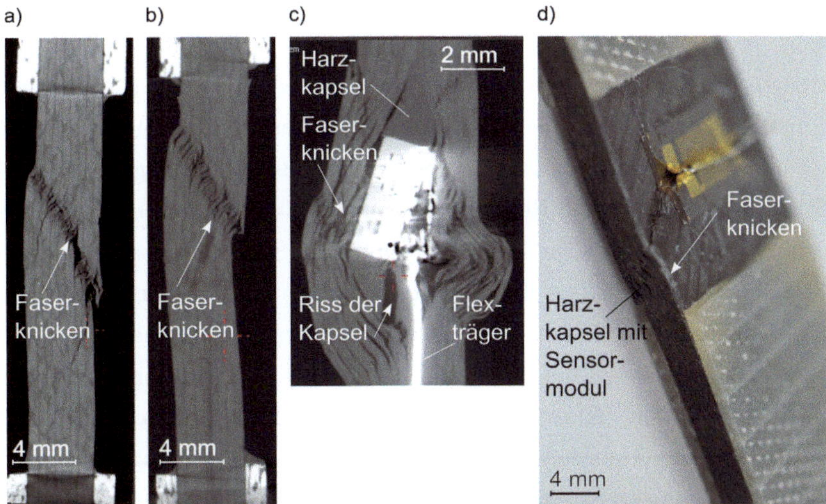


Abbildung 4.10: Schadensbild beim Druckversagen der [±45]$_S$ Strukturen

*a): Referenzstruktur, b: Einfache Struktur, c)/d): Integrierte Struktur*
*Analyseverfahren: Computertomographie, Fotografie*
Unter Druckbelastung versagen die Referenzstruktur a), die einfache Struktur b) und die integrierte Struktur c), d), unter Schubknicken. Bei der integrierten Struktur führt das zu Delaminationen entlang der Harzkapselung und zu einem Riss in der Kapselung c). Der Flexträger ist noch in der Struktur angebunden c).

**Struktur $[\pm45]_\mathrm{S}$, *Biegeversuch*:** Beim Biegeversuch erfolgt die Lasteinleitung über zwei Angriffspunkte senkrecht zur Lagenebene der Struktur (Vierpunktverfahren). Die Biegebeanspruchung führt bei der integrierten Struktur, bei der einfachen Struktur und bei der Referenzstruktur nicht zum Versagen. Die mechanischen Kennwerte können daher im Biegeversuch nicht ermittelt werden.

## 4.3  Zusammenfassung und Diskussion

Zur Analyse der Struktureigenschaften der integrierten Struktur ($[0/90]_8$, $[\pm45]_8$) diente als Bewertungsgrundlage eine einfache Struktur gleichen Aufbaus ($[0/90]_8$, $[\pm45]_8$), aber ohne ein integriertes Sensordevice. Außerdem erfolgte der Vergleich zum Strukturverhalten einer Referenzstruktur ($[0/90]_{14}$, $[\pm45]_{14}$), deren Fasergehalt dem Standard bei vielen hoch beanspruchten Strukturbauteilen entspricht. Als Ergebnis der Analyse liegt durch die Umsetzung der Sensorintegration mit der Harzinjektionstechnik RTM eine sensorintegrierte Struktur mit einer guten Bauteilqualität vor. Einflüsse auf die mechanische Leistungsfähigkeit durch eine mindere Bauteilqualität werden dadurch ausgeschlossen. Die Integrationsqualität am Sensordevice erfüllt die Anforderungen an den Einbau des technologisch etablierten Automobilbeschleunigungssensors. Es sind daher auch keine Einflüsse auf die Sensierung der integrierten Struktur zu erwarten.

Die Auslegung der integrierten Struktur als dünnwandige Platte mit einem verdeckten Einbau des Sensors beschränkt den erzielbaren Fasergehalt. Er beträgt nur knapp 60 % des Fasergehalts der Referenzstruktur. Die Auswirkung davon zeigt sich bei der Strukturmechanik. So ist die Struktursteifigkeit der integrierten Struktur in einem vergleichbaren Verhältnis wie die Fasergehalte reduziert. Das integrierte Sensordevice hat auf die Kennwertreduktion quasi keinen statistisch signifikanten Einfluss. Die reduzierte Steifigkeit ist bei der integrierten Struktur also keine direkte Auswirkung der Integration. Sie entspricht dem üblichen Verhalten von FVK-Strukturen, bei denen die Steifigkeit dominant durch die Fasern und damit durch den Fasergehalt bestimmt ist [31]. Auf die Steifigkeit wirkt sich das Sensordevice lediglich bei der Druckbelastung der integrierten Struktur $[\pm45]_8$ aus. Die Ursache ist der Laminataufbau des Verbunds. Die Struktur ist beim Druckversuch mechanisch relativ schwach, da die Fasern nicht direkt, sondern $\pm 45°$ zur eingeleiteten Last orientiert sind. Nur das Sensordevice liegt in der Lastrichtung. Es nimmt daher einen Teil der Druckkräfte auf, was den Druck E-Modul der integrierten Struktur gegenüber der einfachen Struktur signifikant erhöht. Außerdem zeigt sich ein positiver Effekt durch das integrierte Sensordevice im Bereich großer Dehnungen. Bei der integrierten Struktur $[0/90]_8$ sind im Zugversuch die Zugfestigkeit und die Bruchdehnung gegenüber der einfachen Struktur signifikant erhöht. Die Auswirkung des integrierten Sensordevices kommt durch den geringen Fasergehalt der beiden Strukturen zum Tragen. Durch den geringen Fasergehalt ist der Verbund grundsätzlich mechanisch schwächer. Das Sensordevice bewirkt somit als ein zusätzlicher tragender Anteil des Verbunds eine Erhöhung der mechanischen Kennwerte. Es ist anzunehmen, dass sich der Effekt mit einem zunehmenden Fasergehalt der integrierten Struktur weniger auswirkt. Letztlich ist das integrierte Sensordevice aber die Schwachstelle, die bei den Lastfällen zum Strukturversagen führt. Die Ursache ist das gekapselte Sensormodul auf dem Sensordevice. Eine Fehlstellung der Fasern begünstigt unter Drucklast die Versagensform Schubknicken [151]. Das liegt durch die ausgelenkten Fasern am Sensormodul vor und äußert sich unter anderem in der signifikant reduzierten Druckfestigkeit und in der signifikant reduzierten Stauchung. Der Effekt ist bei der integrierten Struktur $[0/90]_8$ etwas stärker als bei der integrierten Struktur $[\pm 45]_8$. Zudem hat die Harzkapselung am Sensormodul den Charakter eines relativ großen Einschlusses in der Struktur. Einschlüsse verursachen Spannungsspitzen und Delaminationen, die zu Rissen führen. Diese sogenannten „Effects of Defects" sind von FVK-Strukturen auch bei fertigungsbedingten Imperfektionen bekannt [156]. Lediglich beim Biegeversuch äußert sich das integrierte Sensordevice weder bei den mechanischen Kennwerten noch beim Versagensverhalten. Das Strukturversagen der integrierten Struktur entspricht dem üblichen Verhalten einer (einfachen) FVK-Struktur unter einer Biegelast. Zudem ist das Sensordevice in der Struktur nach dem Strukturversagen unbeschädigt. Am Beispiel des Lastfalls Biegung wurde die Integration des Sensors in eine lastfreie Zone erprobt. Sie erweist sich damit als zielführend. Interessant ist, dass bei allen Lastfällen die Anbindung des Flexträgers in der Struktur erhalten bleibt, auch nachdem die Struktur versagt hat. Das zeigt, dass bei der Belastung der integrierten Struktur die Haftkräfte zwischen dem Flexträger und den angrenzenden Laminatlagen gegenüber der Scherung durch die Beanspruchung dominieren.

Das Fazit der Untersuchungen zur Struktureigenschaft ist, dass die Verwendung einer Harzinjektionstechnik (Tabelle 2.3) für die Sensorintegration in eine FVK-Struktur geeignet ist. Dabei sind einzelne Aspekte zu beachten. Um eine störungsfreie Sensierung zu gewährleisten, sollte das Sensordevice keine tragende Funktion der integrierten Struktur übernehmen. Das Sensordevice kann dazu in einen weniger belasteten Bereich der Gesamtstruktur integriert werden. Dies zeigt das Ergebnis am Beispiel Biegung, bei dem das Sensordevice in der neutralen Ebene liegt. Dadurch wird das Sensordevice bei der Biegebelastung der umgebenden Struktur nicht kritisch beansprucht. Mit der Verwendung einer FVK-Struktur als Trägerbauteil, können die mechanischen Struktureigenschaften über den Laminataufbau auch an die spezifischen mechanischen Anforderungen des integrierten Sensors angepasst werden [146]. Wie sich zum Beispiel die unterschiedlichen Faserorientierungen bei den Strukturlasten auf die Belastung des integrierten Sensordevices auswirken, zeigt der Vergleich der integrierten Struktur $[0/90]_8$ mit der integrierten Struktur $[\pm45]_8$. Letztlich schränkt aber der niedrige Fasergehalt den Einsatz der integrierten Struktur ein, weil er die mechanische Leistungsfähigkeit stark herabsetzt. Für die Sensorintegration bei einer Fahrzeugstruktur muss das bei der Wahl des Integrationsorts berücksichtigt werden. Ein höherer technisch sinnvoller Fasergehalt ist daher anzustreben. Konstruktive Maßnahmen bei der integrierten Struktur können das ermöglichen. Die sensorseitigen Anforderungen an die Integration sind dann aber möglicherweise nicht mehr erfüllt. Eine alternative Lösung, bei der die vorliegende Strukturauslegung beibehalten wird, ist die Dünnung des Sensordevices. Aufgrund seiner Baugröße muss dazu aber das verwendete Sensormodul des Automobilbeschleunigungssensors nach dem Stand der Technik ausgetauscht werden. In anderen Produkten wie Mobiltelefone, Schrittzähler oder Motion-Capture-Wearables, sind Beschleunigungssensoren mit einer geringen Baugröße bereits Stand der Technik. Auch Mikrosensoren werden zum Messen der Beschleunigung eingesetzt [157], [158]. Nach dem Stand der Forschung stehen sogar Beschleunigungssensoren als nanoelektromechanische Systeme zur Verfügung [159]. Maßgebende Treiber für die Entwicklung von kleinen und kostengünstigen Sensoren mit unterschiedlichen Wirkprinzipien finden sich vor allem im Kontext von IoT und Industrie 4.0 [160], [161]. In naher Zukunft sind kommerziell verfügbare und hinreichend validierte Sensoren mit kleiner Baugröße möglicherweise auch für den Einsatz bei Fahrzeugen verfügbar.

Ein weiterer Schritt ist die Umsetzung eines komplett folienbasierten Sensordevices. Die zeit- und kosteneffiziente Herstellung folienbasierter Sensoren mit unterschiedlichen Wirkprinzipien wird für andere Einsatzbereiche bereits vorangetrieben. Ein Beispiel sind tintenstrahlgedruckte optische Sensoren für medizinische Geräte, oder chemische und chemiresistive Sensorsysteme auf flexiblen Substraten zur Umweltüberwachung [138].

Die vorliegenden Untersuchungen mit dem aktuell verfügbaren Automobilsensor sind ein Ansatzpunkt zur Bewertung von Strukturen mit integrierten etablierten Sensoren. Die Untersuchungen sind auf statische Lasten beschränkt, dynamische Lasten und kurzzeitige Ereignisse sollten ergänzt werden. Das ist insbesondere für den Einsatz von integrierten Strukturen beim Fahrzeug wichtig. Auch das Strukturverhalten unter thermischen Lasten und unter dem Einfluss von Medien ist relevant. Daher werden Zuverlässigkeitsanalysen über den gesamten Bauteillebenszyklus empfohlen. Insbesondere die Grenzschichten zwischen dem integrierten Sensordevice und der umgebenden Struktur sollten fundiert untersucht werden. Denn bei einer Belastung können interlaminare Spannungskonzentrationen zu Spannungsumlagerungen an den Grenzflächen führen, was die Strukturmechanik beeinflusst [61], [146]. Eine Möglichkeit sind weiterführende Analysen in Anlehnung an klassische Untersuchungen von Klebschichten. Für die Materialpaarung ist auch die Abhängigkeit des Strukturverhaltens von unterschiedlichen Trägersubstraten des Sensordevices interessant. Solche Untersuchungen sind insbesondere in Hinblick auf die Integration eines komplett folienbasierten Sensordevices ein wichtiger Schritt.

# Kapitel 5

# Analyse der Funktionseigenschaften

Als Bewertungsgrundlage dienen die Messreihen der Sensormodule aus der Serie, die noch nicht integriert sind. Dieselben Sensormodule werden nach den Messungen für den Aufbau der Sensordevices und die Integration in die FVK-Struktur verwendet. Um die Datengewinnung der Messungen auf formale und logische Richtigkeit zu prüfen, werden Messdaten des technologisch etablierten Sensors herangezogen.

Bei der Analyse der Funktionseigenschaften erfolgt keine physikalische Interpretation des Sensorsignals. Die Funktionstests sind explizit Einzelmessungen zur Grundcharakterisierung des Sensierverhaltens der integrierten Struktur.

## 5.1  Methode und Prüfaufbau

Die Prüfmethode entspricht dem Ablaufdiagramm in Abbildung 5.1. Der dynamische Funktionstest bildet die mechanische und elektrische Funktionalität im Sensorbetrieb ab. Er erfolgt erst einmal am Sensormodul vor der Integration. Nach der Integration des Moduls erfolgt bei der integrierten Struktur als Neuteil erst eine statische Anfangsmessung 1. Damit werden mögliche initiale Funktionsausfälle bei der Sensierung abgefangen. Dann erfolgt auch am integrierten Neuteil der dynamische Funktionstest 2. Der Sensorbetrieb wird bezüglich Auffälligkeiten untersucht. Als weitere Messreihen folgen Untersuchungen zu ausgewählten Umwelteinflüssen auf die Sensierung. Dazu wird die integrierte Struktur den Lasten *Hochtemperatur* 3 a, *Temperaturwechsel* 3 b und *Feuchte* 3 c ausgesetzt. Während der Hochtemperaturlagerung wird die integrierte Struktur kontinuierlich statisch betrieben und ausgelesen. Nach den Umweltlasten wird die Sensierung im dynamischen Funktionstest wiederholt untersucht 4. Zudem erfolgt eine CT-Analyse zum Integrationszustand der integrierten Struktur nach den aufgebrachten Umweltlasten.

Die Zielgrößen der Untersuchung sind die charakteristischen Sensierparameter. Sie werden bei den Messungen als differenzierter Teil des Sensorsignals aufgezeichnet:

- **Die Empfindlichkeit**: Das Verhältnis einer Änderung am Ausgangssignal zu einer Änderung am Eingangssignal ist durch die Empfindlichkeit charakterisiert. Sie muss nach der Sensorspezifikation [131] in einem Toleranzbereich liegen. Merkmale bei der Empfindlichkeit können durch einen veränderten Spannungszustand am Sensormodul auftreten. Bei der integrierten Struktur wird der Zustand bereits bei der Herstellung geprägt, durch mechanische und thermische Spannungen. Sie entstehen beispielsweise bei der Aushärtung der Struktur durch die unterschiedlichen thermischen Ausdehnungskoeffizienten der Materialpaarungen (Kapton$^{®}$: $20 \cdot 10^{-6}$ K$^{-1}$, Sensormodul: $26 \cdot 10^{-6}$ K$^{-1}$, Kapselung: $60 \cdot 10^{-6}$ · K$^{-1}$, CFK-Struktur: etwa $2 \cdot 10^{-6}$ K$^{-1}$). Des Weiteren ist die Anbindung des Sensors in der Struktur bestimmend. Dabei sind Umweltlasten im Betrieb zu beachten. Temperaturlasten können Hohlräumen und Risse in der Kapselung des Sensormoduls verursachen, was die Anbindung schwächt. Durch eine Feuchtemigration ist ein Ablösen des Sensordevices in der Struktur möglich.

- **Die Nichtlinearität**: Die Abweichung des Sensorsignals vom linearen Messbereich in einem definierten Frequenzbereich wird durch die Nichtlinearität wiedergegeben. Der Toleranzbereich der Nichtlinearität ist für den Sensorbetrieb in der Sensorspezifikation [131] festgelegt. Die Nichtlinearität ist maßgeblich durch die am Sensormodul anliegende Spannung bestimmt. Auffällige Merkmale der Nichtlinearität weisen auf Effekte durch elektrische Störeinflüsse bei der integrierten Struktur hin. In diesem Fall muss überprüft werden, ob die Isolierung zwischen dem Sensormodul und den leitfähigen Carbonfasern der Struktur hinreichend ist.

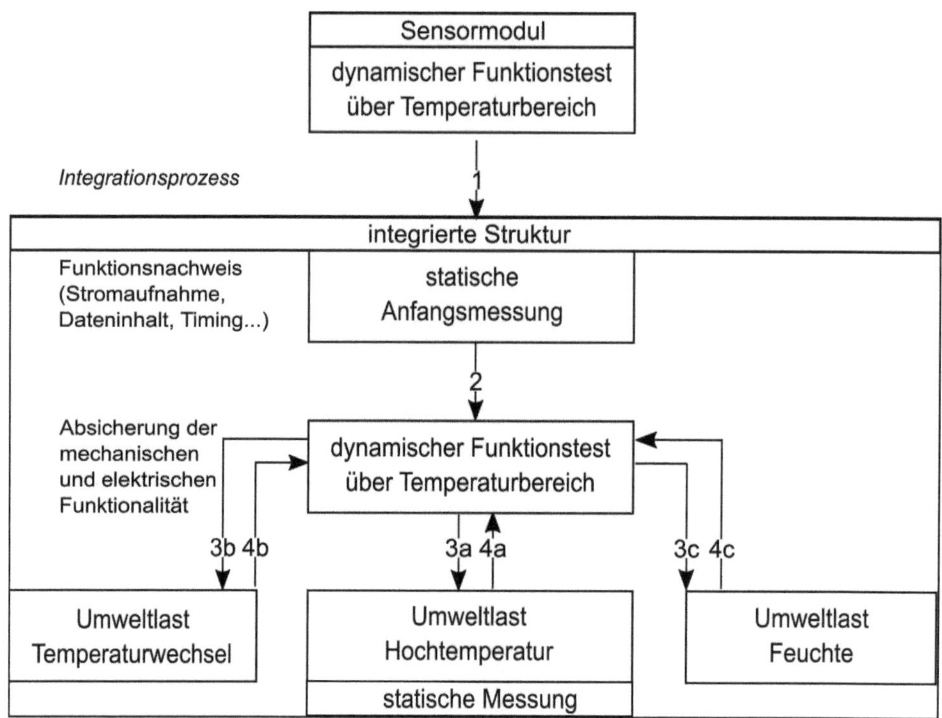


Abbildung 5.1: Ablaufdiagramm zur Analyse der Funktionseigenschaften

Der dynamische Funktionstest bildet den eigentlichen Sensorbetrieb ab. Als Bewertungsgrundlage erfolgt der Test zunächst am Sensormodul. An der integrierten Struktur als Neuteil wird erst eine statische Anfangsmessung durchgeführt 1, um mögliche initiale Funktionsausfälle abzufangen. Im Anschluss erfolgt dann auch der dynamische Funktionstest 2. Die integrierte Struktur wird außerdem den Lasten Hochtemperatur 3 a, Temperaturwechsel 3 b und Feuchte 3 c ausgesetzt. Während der Hochtemperaturlagerung wird das Sensorsignal kontinuierlich ausgelesen. Danach erfolgt erneut der dynamische Funktionstest 4 a, b, c.

- **Der Rohoffset und der Offset**: Das Sensorsignal hat einen anfänglichen Rohoffset, der während der Initialisierungsphase des Sensors tariert wird. Das muss nach der Sensorspezifikation [131] in definierten Zeitfenstern stattfinden. Am Ende der Initialisierungsphase wird der Stellwert für das Beschleunigungssignal ausgegeben. Während des Sensorbetriebs wird der Offset aus dem Mittelwert eines festgelegten Zeitfensters berechnet und kompensiert. Bei der integrierten Struktur weist ein von Grund auf verzogener Rohoffset darauf hin, dass das Sensordevice durch den Integrationsprozess kritisch beansprucht wurde. Bereits mechanische Vorspannungen können zu Merkmalen führen. Im Sensorbetrieb beruhen Merkmale des Offsets auf dem Ausweichen der Mikromechanik des Sensormoduls, ausgelöst durch einen Temperaturdrift. Durch die Integration ist das Temperaturverhalten der umgebenden Struktur bestimmend für das Ausmaß dieses Effekts.

**Prüfequipment und Demonstrator**

Die Geometrie des Demonstrators ist eine ebene Platte mit den Abmessungen $(l \times b \times s)$ 50 mm $\times$ 50 mm $\times$ 4 mm (Abbildung 5.2). Die Platte besitzt ein integriertes Sensordevice. Das auf dem Sensordevice applizierte Sensormodul befindet sich im Nullpunkt der Platte. Ein Ende des flexiblen Schaltungsträgers ist seitlich aus der Platte herausgeführt. Es ist mit einem Stecker für die Anbindung an die Peripherie verkabelt. Die Demonstratoren sind mit einer Labortrennsäge DIADISC 4200 (Mutronic GmbH, Deutschland) aus CFK-Strukturplatten entnommen. Zum Fixieren an die Prüfvorrichtung sind vier Bohrungen in die Demonstratoren eingebracht. Für die statische Anfangsmessung werden die Demonstratoren über eine PSI5-Simulyzer USB Box (SesKion GmbH, Deutschland) angesteuert und ausgelesen. Der dynamische Funktionstest erfolgt mit dem Prüfaufbau von standardisierten sensorspezifischen Labormessungen (Abbildung 5.3). Die Messungen werden über abgeglichene Parameter mit einem elektrodynamischen Shaker LDS V650 HPA Lync Dynamic Systems (Bruel and Kjaer, Dänemark) durchgeführt. Die Aufspannfläche des Shakers hat eine Fixiervorrichtung für den Demonstrator. Die Richtung der Shakeranregung entspricht der Hauptsensierrichtung des darin integrierten Sensormoduls. Der fixierte Demonstrator ist mit einer Isolationskammer abgedeckt. Über

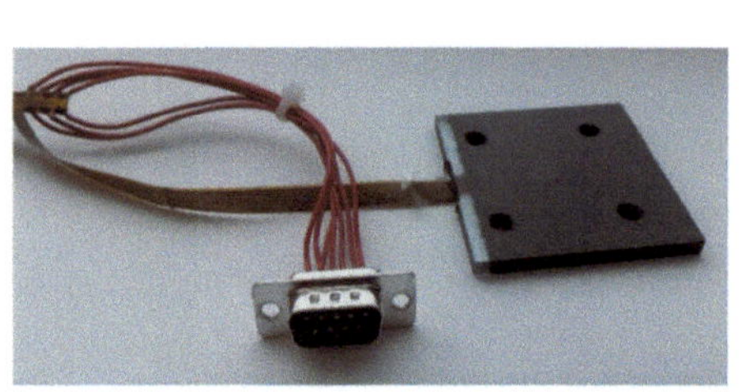
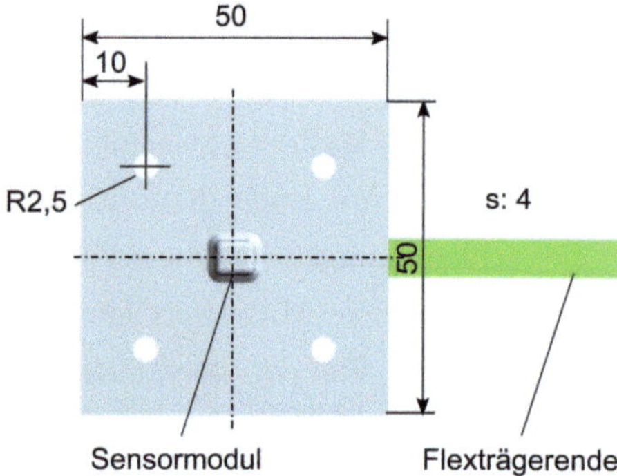


Abbildung 5.2: Demonstrator der Funktionsanalyse [142]

Die Geometrie des Demonstrators ist eine ebene Platte. Die Platte besitzt ein integriertes Sensordevice. Das auf dem Sensordevice applizierte Sensormodul befindet sich im Nullpunkt der Platte. Ein Ende des flexiblen Schaltungsträgers ist seitlich aus der Platte herausgeführt. Es ist mit einem Stecker für die Anbindung an die Peripherie verkabelt.

einen Thermostream X-Tream 4310 TP 043-10A 3C4 11 (inTEST Thermal Solutions Corporation, USA) ist der Demonstrator während der Messungen kontinuierlich einem Temperaturprofil ausgesetzt. Der Demonstrator ist an die Ansteuer- und Ausleseeinheit des Prüfaufbaus über PSI5 und SPI angeschlossen. Bei den Umweltlasten wird für die Hochtemperaturlagerung des Demonstrators eine Temperaturkammer Modell 048 AL/So (HORO Dr. Hofmann, Deutschland) verwendet. Die Temperaturwechsel werden in einer Kälteanlage TSA-101S-W (ESPEC CORP., Japan) aufgebracht. Für die Feuchtelagerung dient eine Simulationsanlage Messtechnik WKS3-270/70-15 (Weiss Umwelttechnik GmbH, Deutschland). Die CT-Analyse der Demonstratoren nach den Umweltlasten erfolgt anhand von Aufnahmen mit einem Computertomographen Vltomelx mit einer Mikrofokusröhre von 225 kV (GE Sensing & Inspection Technologies, Deutschland).

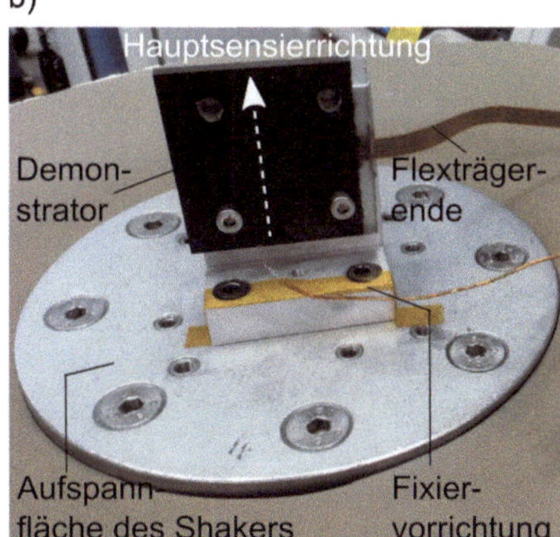


Abbildung 5.3: Prüfaufbau des dynamischen Funktionstests

*a): Elektrodynamischer Shaker. b): Aufspannfläche des Shakers*
Die Aufspannfläche b), des elektrodynamischen Shakers a), hat eine Fixiervorrichtung für
den Demonstrator. Die Richtung der Shakeranregung entspricht der Hauptsensierrichtung
des integrierten Sensormoduls. Der Demonstrator ist mit einer Isolationskammer a),
abgedeckt und während der Messungen kontinuierlich einem Temperaturprofil ausgesetzt.

## 5.2  Ergebnisse

Die Messdaten der Funktionstests werden anhand der Signalverläufe auf funktionsspezifische Fehlerbilder untersucht. Dazu sind die Zielgrößen anhand der berechneten Mittelwerte mit den Standardabweichungen erfasst. Zuerst wird geprüft, ob die Zielgrößen innerhalb der zulässigen Toleranz nach der Sensorspezifikation liegen. Falls sich eine der Zielgrößen nach einer Behandlung auffällig verändert hat, wird das als Merkmal aufgefasst und die Signifikanz mit der dreistufigen Sternsymbolik nach [152] gekennzeichnet (Anhang C). Was als *Behandlung* verstanden wird, ist je nach Prüfung unterschiedlich und wird im Folgenden aufgegriffen.

### Dynamischer Funktionstest am Neuteil

Die Prüfparameter des dynamischen Funktionstests sind in Tabelle 5.1 erfasst. Sie sind an den standardisierten sensorspezifischen Labormessungen des technologisch etablierten Beschleunigungssensors orientiert. Das Temperaturprofil deckt die Zustände im Sensorbetrieb am üblichen Einbauort des Fahrzeugs ab. Für die Funktionsanalyse wird die Messreihe des nicht integrierten Sensormoduls mit der Messreihe der CFK-Struktur verglichen, in die das Sensormodul integriert ist. Die Signifikanzbewertung fasst die beiden Messreihen als Stichproben einer gepaarten Grundgesamtheit auf, mit einer Messwiederholung vor und nach der Behandlung. Als *Behandlung* wird beim Neuteil die Integration des Sensormoduls in die CFK-Struktur verstanden.

| Parameter | Wert |
|---|---|
| Beschleunigungsamplitude | $25\,g$ |
| Anregefrequenz | $80\,Hz$ |
| Temperaturprofil | $20\,°C \rightarrow -40\,°C \rightarrow 120\,°C \rightarrow 20\,°C$ |
| Temperaturstufen | $5\,K$, $900\,s$ Haltezeit |

Tabelle 5.1: Prüfparameter des dynamischen Funktionstests

Die Signalverläufe der Zielgrößen (Empfindlichkeit, Nichtlinearität, Rohoffset, Offset) beim Neuteil sind in Abbildung 5.4 erfasst. Die Toleranzgrenzen nach der Sensorspezifikation sind darin gekennzeichnet (Abbildung 5.4 b)). Zunächst ist die Empfindlichkeit maßgebend für das korrekte Sensierverhalten des Beschleunigungssensors. Ihr Signalverlauf zeigt, dass alle Messwerte innerhalb der Toleranz liegen. Beim Durchlauf des Temperaturprofils reduziert sich die Empfindlichkeit mit fallender Prüftemperatur und erhöht sich die Empfindlichkeit mit steigender Prüftemperatur. Das verdeutlicht die Detaildarstellung in Abbildung 5.4 a). Sowohl das Sensormodul als auch die integrierte Struktur zeigen diese Temperaturabhängigkeit. Das Verhalten ist typisch und vom technologisch etablierten Sensor bekannt. Im Vergleich der einzelnen Messwerte sind die Standardabweichungen der beiden Messreihen vergleichbar. Jedoch weicht die Lage der Mittelwerte teilweise voneinander ab. So sind schon die Startwerte bei Raumtemperatur unterschiedlich. Auch im weiteren Signalverlauf liegen Drifts zwischen den Messwerten der Messreihen vor. Die Drifts sind aber statistisch nicht signifikant und nehmen bis zum Erreichen der Temperaturstufe -40 °C wieder ab. Fazit ist, dass bei der Sensierung der integrierten Struktur die Empfindlichkeit nicht beeinträchtigt ist und dass sie das sensortypische Verhalten zeigt. Das bestätigt, dass keine kritischen Spannungen am Sensormodul vorliegen und es gut in der CFK-Struktur angebunden ist.

Bei der Nichtlinearität liegen ebenfalls alle Messwerte innerhalb der Toleranz nach der Sensorspezifikation (Abbildung 5.4 b)). Der Vergleich der integrierten Struktur mit dem Sensormodul zeigt, dass die Lage und die Standardabweichung der Mittelwerte vergleichbar sind (Abbildung 5.4 a)). Die Signalverläufe beider Messreihen sind über das Temperaturprofil annähernd konstant. Die einzelnen Messwerte der integrierten Struktur und des Sensormoduls haben keine signifikanten Differenzen. Fazit ist, dass die Nichtlinearität bei der Sensierung der integrierten Struktur nicht beeinträchtigt ist. Die umgebende CFK-Struktur verursacht also keine elektrischen Störeinflüsse auf das integrierte Sensormodul. Auch die Messwerte des Rohoffsets liegen innerhalb der Toleranz nach der Sensorspezifikation (Abbildung 5.4 b)). Der Signalverlauf des Rohoffsets der integrierten Struktur hat keine auffälligen Drifts zum Signalverlauf des Sensormoduls. Die Lage und die Standardabweichung der Mittelwerte sind bei den beiden Messreihen vergleichbar

(Abbildung 5.4 a)). Drifts des Rohoffsets bei der integrierten Struktur würden auf eine übermäßige Vorbeanspruchung des Sensormoduls hinweisen. Das kann eine Folge des Integrationsprozesses sein. Das Ergebnis widerlegt die Annahme. Der Rohoffset ist bei der Sensierung der integrierten Struktur nicht beeinträchtigt.

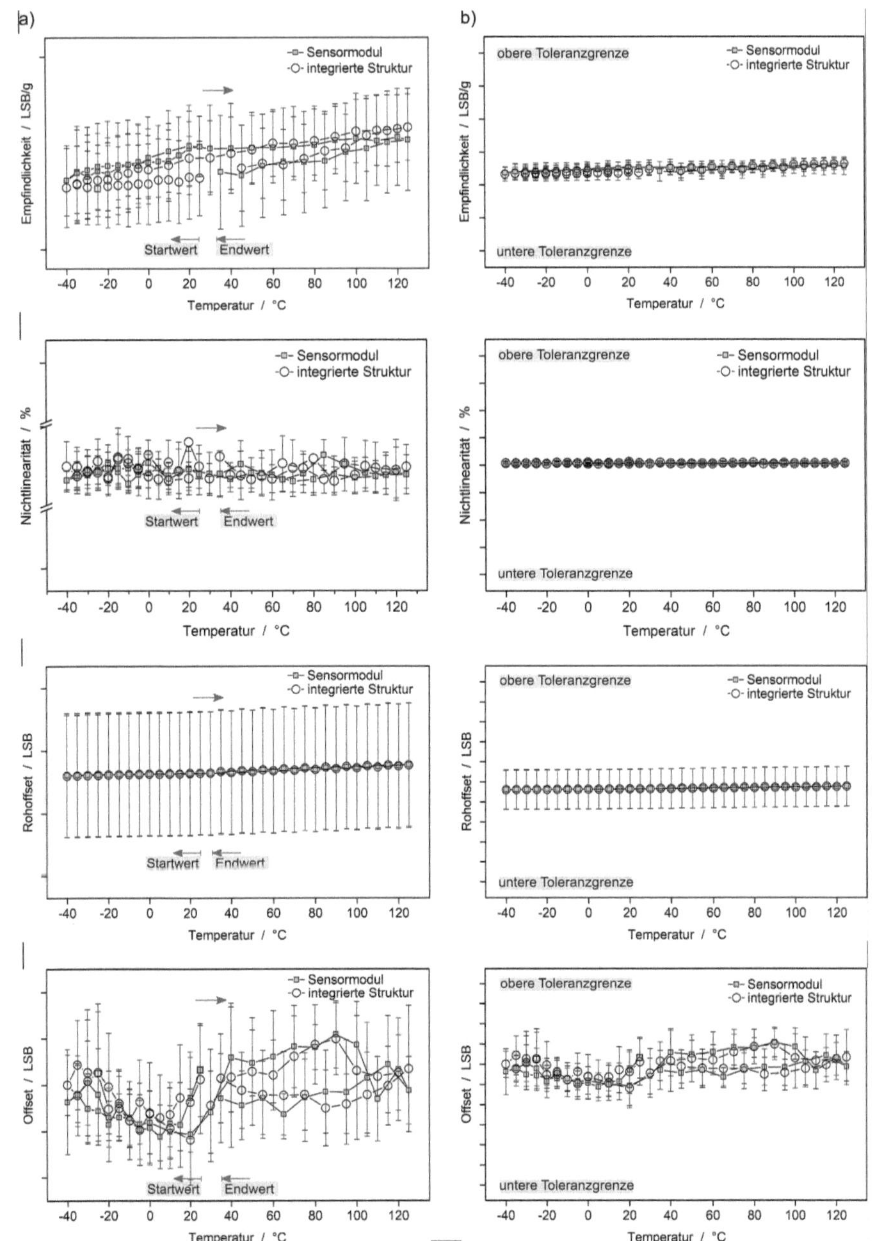


Abbildung 5.4: Zielgrößen beim dynamischen Funktionstest des Neuteils

*a): Detaildarstellungen, b): Mit Toleranzbereichen [131] (Mittelwert, Standardabw.)*
*Prüfung: Dynamischer Funktionstest (25 g, 80 Hz), LSB: Least Significant Bit*

Beim Signalverlauf des Offsets liegen die Messwerte ebenfalls innerhalb der Toleranz nach der Sensorspezifikation (Abbildung 5.4 b)). Über das Temperaturprofil ist der Offset weniger stabil als der Rohoffset. Das trifft für das Sensormodul und für die integrierte Struktur zu. Die Lage und die Standardabweichung der Mittelwerte sind bei beiden Messreihen näherungsweise identisch. Vereinzelt treten Differenzen zwischen den Messwerten der beiden Messreihen auf (Abbildung 5.4 a)). Sie sind aber nicht signifikant. Fazit ist, dass der Offset bei der Sensierung der integrierten Struktur nicht beeinträchtigt ist. Das bestätigt, dass durch die Integration keine kritischen mechanischen Vorspannungen am Sensormodul vorliegen. Zudem wird deutlich, dass sich eine wechselnde Umgebungstemperatur nicht negativ auf die Sensierung der integrierten Struktur auswirkt. Das umgebende Strukturmaterial hat also keine Auswirkungen auf das integrierte Sensordevice, wenn die integrierte Struktur dem Temperaturprofil ausgesetzt ist.

**Funktionsanalyse nach den Umweltlasten**

Auf die integrierte Struktur wird jeweils eine der Umweltlasten aufgebracht. Die Parameter der Umweltlasten sind in Tabelle 5.2 erfasst. Sie sind an der Spezifikation der Lebensdauerprüfung und der Variantenerprobung des technologisch etablierten Sensors orientiert. Für die Signifikanzbewertung wird jede Umweltlast als eine *Behandlung* verstanden. Die Funktionsanalyse erfolgt nach dem wiederholten dynamischen Funktionstest. Die Messreihe der behandelten integrierten Struktur wird mit der Messreihe der unbehandelten integrierten Struktur (Neuteil) verglichen. Zudem wird im statischen Sensorbetrieb während der Hochtemperaturlagerung geprüft, ob die Messwerte der integrierten Struktur stabil bleiben.

| | Hochtemperatur | Temperaturwechsel | Feuchte |
|---|---|---|---|
| **Norm** | Variantenerprobung | DIN EN 60068-2-14 | DIN EN 60068-2-56 |
| **Prüfparameter** | $120\,°C$ | $-40/120\,°C$ (je 20 min) | $85\%_{rel.}$, $85\,°C$ |
| | 1050 h | 1342 Zyklen | 1490 h |

Tabelle 5.2: Parameter der Umweltlasten zur Funktionsanalyse

Im statischen Sensorbetrieb während der Umweltlast *Hochtemperatur* sind alle Zielgrößen bei der Sensierung der integrierten Struktur unauffällig. Das zeigen die Ausschnitte der Signalverläufe während der Hochtemperaturlagerung in Abbildung 5.5. Die Toleranzgrenzen nach der Sensorspezifikation liegen außerhalb der dargestellten Achsenabschnitte (Ordinate) und werden von keiner der Zielgrößen überschritten. Die Zielgrößen verhalten sich stabil über die Lagerungsdauer. Die Signale der Empfindlichkeit und des Rohoffsets sind annähernd konstant, während das Signal der Nichtlinearität vergleichsweise stark schwankt. Die Lage und die Schwankung der Messwerte der integrierten Struktur sind aber vergleichbar mit dem typischen Verhalten beim technologisch etablierten Sensor. Fazit ist, dass die dauerhaft hohe Umgebungstemperatur keine Auswirkungen auf die Zielgrößen bei der Sensierung der integrierten Struktur hat.

Beim wiederholten dynamischen Funktionstest liegen nach allen drei Umweltlasten die Zielgrößen der integrierten Struktur innerhalb der Toleranz. Dies zeigen die Signalverläufe in Abbildung 5.6 a). Der Achsenausschnitt der Ordinate entspricht jeweils dem Toleranzbereich. Die Empfindlichkeit hat aber im Vergleich zum Neuteil signifikante Merkmale nach den Umweltlasten *Temperaturwechsel* und *Feuchte*.

Die Detaildarstellung des Signals der Empfindlichkeit in Abbildung 5.6 b) links verdeutlicht die Auswirkung der Temperaturwechsel. Der Startwert der Zielgröße bei Raumtemperatur ist beim Neuteil und bei der behandelten Struktur gleich. Auch der anfängliche Signalverlauf zeigt bei der fallenden Prüftemperatur die typische Reduktion der Empfindlichkeit bei beiden Messreihen. Danach erfolgt bei der behandelten Struktur aber nicht die typische Erhöhung der Empfindlichkeit beim Temperaturanstieg. Während die Empfindlichkeit des Neuteils ab -40 °C aufwärts wieder steigt, bleibt die Empfindlichkeit der behandelten Struktur vorerst auf einem konstanten Niveau. Daraus resultiert ein zunehmender Signaldrift der beiden Messreihen, der im Bereich 50 °C bis 105 °C statistisch signifikant [*] ist (in Abbildung 5.6 b) grau unterlegt). Die Empfindlichkeit der behandelten Struktur erhöht sich erst wieder deutlich, nachdem die umgebende Prüftemperatur das Maximum von 120 °C erreicht hat. Der Signaldrift reduziert sich dadurch wieder. Am Ende des Prüfdurchlaufs ist der Messwert der Empfindlichkeit wieder auf dem Anfangsniveau.

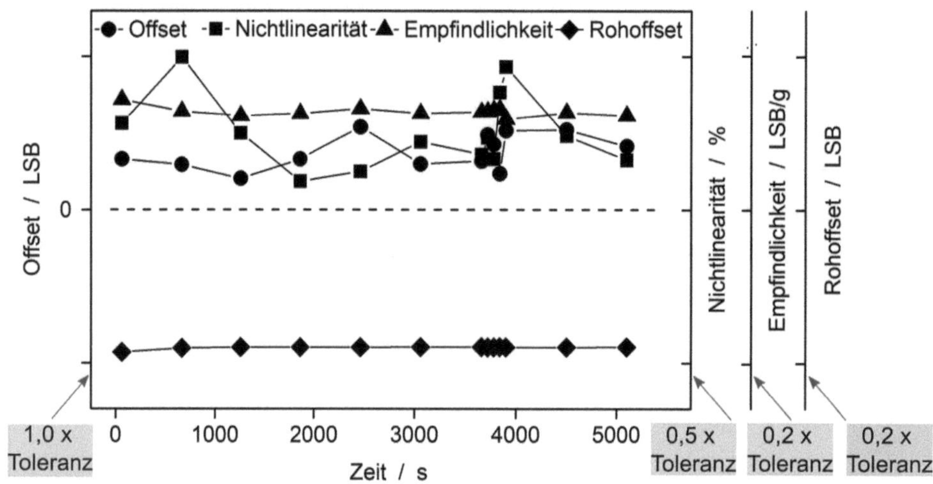


Abbildung 5.5: Zielgrößen der statischen Messung bei Hochtemperatur

*Prüfung: Statische Messung, LSB: Least Significant Bit*
*Angabe der Achsenanteile (Ordinate) am Toleranzbereich nach [131]*
Beim statischen Sensorbetrieb während der Hochtemperaturlagerung sind alle Zielgrößen
unauffällig. Die Toleranzgrenzen nach der Sensorspezifikation liegen weit außerhalb der
dargestellten Achsenabschnitte (Angaben an der Ordinate). Die Zielgrößen verhalten sich
stabil.

Das Verhalten deutet auf einen reversiblen Effekt hin und zeigt keine bleibende
Veränderung der Zielgröße durch die Behandlung. Die Trägheit der Empfindlichkeit durch die Temperaturwechsel ist nicht ungewöhnlich für das Verhalten des
etablierten Sensors. Die Sensorspezifikation berücksichtigt dies bei den zulässigen
Toleranzen.

Grundsätzlich hängt die Stärke des Effekts durch die Temperaturwechsel auch vom
(Gehäu-se-)Material ab, welches das Sensormodul umgibt. Durch die Strukturintegration des Sensors muss zusätzlich der Integrationszustand beachtet werden. Unter
der wechselnden Temperaturlast sind Thermaldehnungen kritisch. Sie können zu
einer thermomechani-schen Materialermüdung und zum Ablösen der Grenzschichten
zwischen dem Sensor und der Struktur führen. Die CT-Aufnahmen in Abbildung 5.7
zeigen den Zustand der Integration nach der Behandlung. Das Sensormodul und

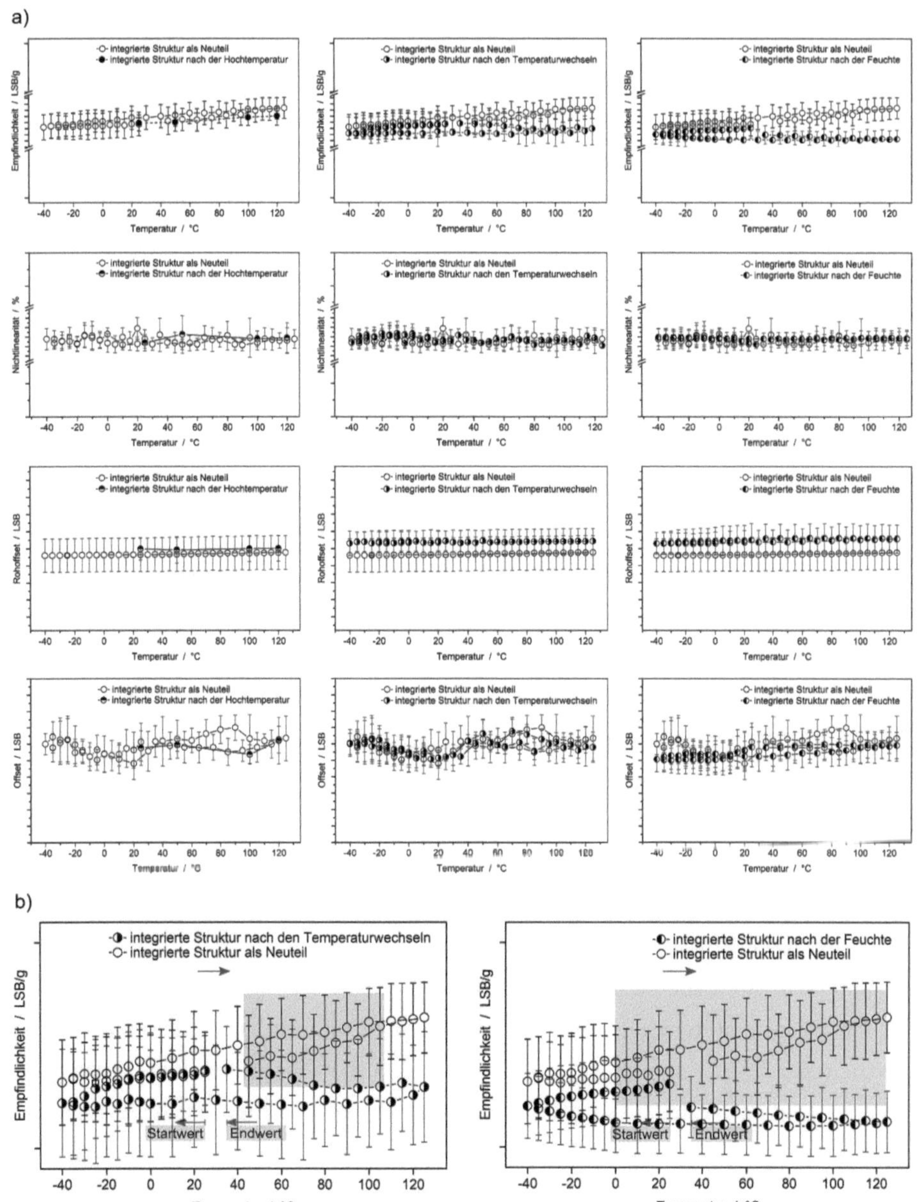

Abbildung 5.6: Zielgrößen beim Funktionstest nach den Umweltlasten

*a): Übersicht je Größe, b): Detaildarstellungen der Empfindlichkeit*
*Prüfung: Dynamischer Funktionstest (25 g, 80 Hz), LSB: Least Significant Bit*

der flexible Schaltungsträger weisen keine Schäden auf. Der Flexträger ist noch in der Struktur angebunden (Abbildung 5.7 a)). Die hellen Bildbereiche in der Aufnahme sind Überstrahlungsartefakte und weisen nicht auf ein Ablösen hin. Auch bei der Harzkapselung ist ausreichend Freiraum für die Thermaldehnung gegeben. Dadurch ist sie noch an die Struktur angebunden und sie hat keine Risse in den angrenzenden Laminatlagen initiiert (Abbildung 5.7 a), b)). Die Kapselung hat sich aber von den Stirnflächen des Sensormoduls gelöst (Abbildung 5.7 b)). Das ist auf die unterschiedlichen thermischen Ausdehnungskoeffizienten der Materialpaarung zurückzuführen (Kapselung: 60 $\frac{ppm}{K}$, Sensormodul: 26 $\frac{ppm}{K}$). Außerdem ist die Kapselung ermüdet, sie ist mit Rissen durchzogen (Abbildung 5.7 c)). Dass die Integration die grundlegend korrekte Sensierung nicht beeinträchtigt, zeigen die oben diskutierten Signalverläufe des dynamischen Funktionstests. Das Sensormodul scheint noch hinreichend gut in der Struktur angebunden zu sein. Dennoch ist zu beachten, dass die Temperaturwechsel eine bleibende Zustandsänderung bei der integrierten Struktur verursachen.

Die Detaildarstellung des Signalverlaufs der Empfindlichkeit in Abbildung 5.6 b) rechts verdeutlicht die Auswirkung der Feuchtelagerung. Der anfängliche Signalverlauf bei der fallenden Prüftemperatur ist bei beiden Messreihen unauffällig. Ab dem Erreichen der Temperaturstufe -40 °C tritt aber ein Signaldrift zwischen der behandelten Struktur und dem Neuteil auf. Während die Empfindlichkeit des Neuteils beim Anstieg der Prüftemperatur ab -40 °C aufwärts typisch steigt, reduziert sich die Empfindlichkeit bei der behandelten Struktur weiterhin sukzessive. Der Signaldrift wird im Bereich -5 °C bis 10 °C statistisch signifikant [*] (in Abbildung 5.6 b) grau unterlegt). Danach bleibt die Empfindlichkeit der behandelten Struktur vorerst auf einem konstanten Niveau. Da die Empfindlichkeit des Neuteils immer noch steigt, erhöht sich das Signifikanzniveau des Signaldrifts im Bereich 60 °C bis 120 °C [**] (in Abbildung 5.6 b) grau unterlegt). Erst beim erneuten Abfall der Prüftemperatur erhöht sich auch die Empfindlichkeit der behandelten Struktur sukzessive. Das Signifikanzniveau des Signaldrifts reduziert sich dadurch wieder [*]. Der Drift ist unterhalb der Temperaturstufe 95 °C nicht mehr signifikant. Dennoch erreicht die Empfindlichkeit der behandelten Struktur am Ende des Prüf-

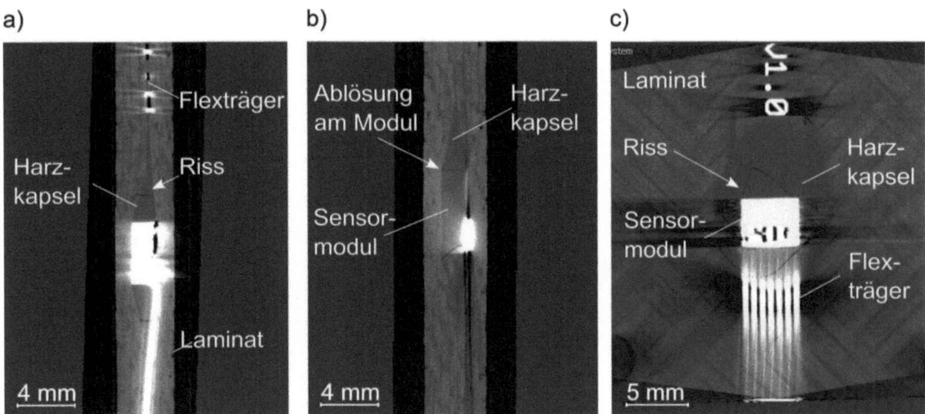


Abbildung 5.7: Zustand der integrierten Struktur nach den Temperaturwechseln

*Analyseverfahren: Computertomographie*
Nach den Temperaturwechseln weisen das Sensormodul und der flexible Schaltungsträger keine Schäden auf. Der Flexträger ist noch in der Struktur angebunden a). Die Harzkapselung ist noch an die Struktur angebunden. Sie hat keine Risse in den angrenzenden Laminatlagen initiiert a). Die Kapselung hat sich aber von den Stirnflächen des Sensormoduls gelöst b). Außerdem ist die Kapselung mit Rissen durchzogen c).

durchlaufs das Anfangsniveau nicht mehr. Der Effekt ist somit irreversibel. Das Verhalten der Zielgröße ist durch die Behandlung mit Feuchte also vorerst bleibend verändert. Ein solcher Effekt bei der Empfindlichkeit durch die Feuchtelagerung ist vom technologisch etablierten Sensor nicht bekannt. Die Merkmale sind daher auf die Sensorintegration zurückzuführen. Eine Feuchtelast hat Auswirkungen durch ein Quellen. Die Dimensionsänderungen sind zwar reversibel, sie können aber zum Ablösen der Grenzschichten bei der integrierten Struktur führen. Einwirkende Feuchte über eine längere Dauer führt zu einem irreversiblen Materialabbau und einer bleibenden Änderung des Strukturverhaltens. Die CT-Aufnahmen in Abbildung 5.8 zeigen den Zustand nach der Feuchtebehandlung. Es ist keine Strukturveränderung durch eingelagerte Feuchte erkennbar. Das Sensormodul und der Flexträger zeigen keine Schäden. Der Flexträger ist noch in der Struktur angebunden (Abbildung 5.8 b)). Die Harzkapselung ist unbeschädigt (Abbildung 5.8 b), c)). Feuchte migriert bevorzugt entlang von Rissen und Hohlräumen. Durch den intakten Zustand der Kapselung ist anzunehmen, dass keine Feuchte zum Sensormodul

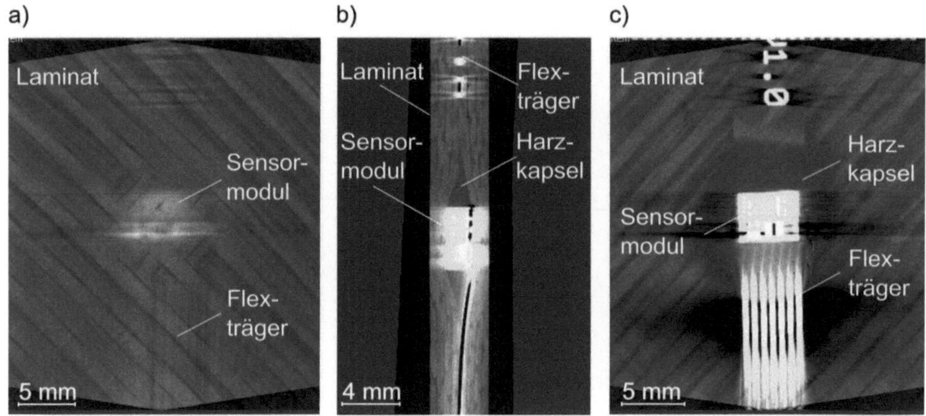



Abbildung 5.8: Zustand der integrierten Struktur nach der Feuchtelagerung

*Analyseverfahren: Computertomographie*
Nach der Feuchtelagerung ist keine Strukturveränderung durch eingelagerte Feuchte
erkennbar a). Das Sensormodul und der flexible Schaltungsträger weisen keine Schäden
auf. Der Flexträger ist noch in der Struktur angebunden b). Die Harzkapselung ist
unbeschädigt c).

eingedrungen ist. Da kein veränderter Integrationszustand vorliegt, werden die
Merkmale der Empfindlichkeit auf das Materialverhalten der integrierten Struktur
zurückgeführt. Die Feuchte kann durch die Kapillarwirkung entlang der Faserbündel in die Struktur gelangen. Dadurch variiert das mechanische Strukturverhalten
abhängig vom Feuchtegehalt. Die oben angeführten Ergebnisse des dynamischen
Funktionstests zeigen, dass die Feuchtelast zwar nicht zu einer inkorrekten Sensierung der integrierten Struktur führt, das Verhalten der Empfindlichkeit wird
aber bleibend beeinflusst.

Nach der Hochtemperaturlagerung sind alle Zielgrößen unauffällig. Auch der
Integrationszustand ist anhand der CT-Analyse unverändert. Dennoch sind behin-
derte Thermaldehnungen zu beachten, welche die Grenzschichten der integrierten
Struktur verändern.

## 5.3  Zusammenfassung und Diskussion

Die Sensierung der integrierten Struktur im Neuzustand hat beim dynamischen Funktionstest keine signifikanten Merkmale. Die Zielgrößen der Analyse liegen innerhalb der Toleranz nach der Sensorspezifikation des technologisch etablierten Sensors. Beim wiederholten dynamischen Funktionstest nach den aufgebrachten Umweltlasten überschreitet auch keine der Zielgrößen die zulässige Toleranz. Dennoch hat die Empfindlichkeit teilweise signifikante Merkmale nach den Umweltlasten *Temperaturwechsel* und *Feuchte*.

Nach den Temperaturwechseln äußern sich die Merkmale in einem Trägheitseffekt der Empfindlichkeit. Der Effekt ist auch beim technologisch etablierten Sensor nicht untypisch. Er ist vorrangig auf das Verhalten der Mikromechanik des Sensormoduls zurückzuführen. Die fundierte Evaluation greift in die Domäne der Sensorentwicklung ein und wird im Rahmen dieser Doktorarbeit nicht geleistet. Bei der vorliegenden Funktionsanalyse steht die Abklärung der grundlegend fehlerfreien Sensierung im Fokus. Das ist bei der integrierten Struktur trotz der Merkmale bestätigt. Um den Trägheitseffekt dennoch zu quantifizieren, sollte zunächst die Abhängigkeit der Empfindlichkeit vom Temperaturverhalten der integrierten Struktur untersucht werden. Auch vom technologisch etablierten Sensor ist ein Einfluss auf die Empfindlichkeit durch das (Gehäuse-)Material, welches das Sensormodul umgibt, bekannt. Durch die direkte Integration des Sensors in die Struktur liegen gegebenenfalls zusätzliche überlagerte Effekte vor. Zudem zeigt die CT-Analyse, dass die Behandlung eine bleibende Zustandsänderung bei der integrierten Struktur verursacht. Die Integrationsqualität ist nach der Auslagerung beeinträchtigt. Obwohl die Sensierung im dynamischen Funktionstest nach der Behandlung fehlerfrei ist, ist das zu beachten. Insbesondere wenn die Last im Sensorbetrieb mit zusätzlichen mechanischen, dynamisch-mechanischen und thermischen Lasten überlagert auftritt. Denn wenn die Zustandsänderung der Integration fortschreitet und ein bestimmtes Maß überschreitet, können Fehler bei der Sensierung auftreten. Insbesondere, weil die feste Anbindung des Sensormoduls in der Struktur maßgeblich für die korrekte Sensierung ist. Die Temperaturwechsel wurden orientiert an der Lebensdauerprüfung des technologisch etablierten Sensors aufgebracht. Eine fehlerfreie Sensierung muss unter diesen Bedingungen über die gesamte Lebensdauer gewährleistet sein.

Die Merkmale der Empfindlichkeit nach der Feuchtelagerung der integrierten Struktur beeinträchtigen die grundlegend fehlerfreie Sensierung ebenfalls nicht. Vom technologisch etablierten Sensor sind Merkmale der Empfindlichkeit nach einer Feuchtelast aber nicht bekannt. Die Merkmale werden daher auf die Integration des Sensormoduls und die umgebende Struktur zurückgeführt. Vorhandene Feuchte verändert das mechanische und das dynamisch-mechanische Strukturverhalten. Eine mögliche Auswirkung davon sind Resonanzeinflüsse der Struktur auf die Sensierung. Anhand der CT-Analyse ist die in der Struktur vorhandene Feuchte nur begrenzt feststellbar. Zur fundierten Betrachtung des Effekts sollten daher aussagefähige Methoden herangezogen werden, um den Feuchtegehalt der Struktur präzise zu bestimmen. Der Feuchtegehalt lässt auf die momentane Bauteilmechanik schließen und kann beim Funktionstest mit dem Niveau der Messwerte der Empfindlichkeit korreliert werden. Möglicherweise geht der Effekt nach einer zeitlichen Verzögerung wieder zurück, falls die Feuchte aus der Struktur entweichen kann. Zusätzlich sollte der Feuchtegehalt lokal am Sensormodul präzise bestimmt werden. Denn dauerhaft vorhandene Feuchte ist für das Sensordevice kritisch. Feuchte führt zum Quellen des flexiblen Schaltungsträgers, wodurch sich das Sensormodul ablösen kann. Außerdem ist ein korrosiver Angriff nicht auszuschließen, falls die Feuchte in die Kapselung am Sensormodul eintritt.

Die Umweltlast *Hochtemperatur* hat keine Auswirkungen auf die Sensierung der integrierten Struktur. Das zeigen der dynamische Funktionstest sowie über eine längere Auslagerungsdauer der statische Sensorbetrieb. Der Zustand der Integration ist nach der Behandlung ebenfalls unverändert. Aufgrund der Eigenschaften des Strukturmaterials muss aber berücksichtigt werden, dass eine dauerhafte Behandlung die Wärme schneller zum Sensormodul leitet als beim technologisch etablierten Sensor. Die Wärmeleitfähigkeit beträgt je nach verwendeter Carbonfaser 15 $\frac{W}{mK}$ bis 100 $\frac{W}{mK}$ [27]. Sie ist damit um ein Vielfaches höher als der Wert beim Gehäusematerial des technologisch etablierten Sensors. Mögliche Langzeiteffekte bei der Sensierung sollten bei weiterführenden Funktionstests aufgegriffen werden. Ein Materialabbau durch die Hochtemperatur wird bei dem Lastniveau von 120° C bei der integrierten

Struktur nicht erwartet.

Das Fazit der vorliegenden Funktionsanalyse ist, dass die grundlegend fehlerfreie Sensierung der integrierten Struktur gegeben ist. Die Analyse war an den geforderten Betriebsbedingungen des technologisch etablierten Sensors orientiert. Die These gilt unter der Prämisse, dass sich die Funktionsanalyse auf einzelne Zielgrößen (Empfindlichkeit, Nichtlinearität, Rohoffset, Offset) und auf ausgewählte Umweltlasten (Hochtemperatur, Temperaturwechsel, Feuchte) beschränkt. Darüber hinaus sind kritische Effekte bei der Sensierung der integrierten Struktur nicht ausgeschlossen, wenn sich mehrere Betriebslasten überlagern. Die bleibende Zustandsänderung der integrierten Struktur nach einzelnen Lasten der Lebensdauerprüfung ist bereits kritisch. Bezüglich der Robustheit und der Zuverlässigkeit der Sensierung besteht daher Handlungsbedarf. Erstens erfordert die umfassende Bewertung des Sensierverhaltens der integrierten Struktur eine Zuverlässigkeitsanalyse für unterschiedliche Betriebszustände. Das ist für die integrierte Struktur und auch für das Sensordevice als Einzelbauteil notwendig. Zweitens sollte zur differenzierten Funktionsanalyse eine fundierte physikalische Interpretation des Sensorsignals erfolgen. Die vorliegende Funktionsanalyse erfüllt diesen Umfang nicht.

Übergeordnet wäre die Zustandsdetektion der integrierten Struktur über die Betriebsdauer ein hilfreiches Mittel. Mögliche Fehler bei der Sensierung, die auf den (Integrations)Zustand der integrierten Struktur zurückzuführen sind, würden damit frühzeitig erkannt. Eine Methode zur Zustandsdetektion als Sekundärfunktion des integrierten Beschleunigungssensors wird in Kapitel 7 aufgegriffen.

Insgesamt liegt mit den Ergebnissen eine Grundcharakterisierung zum Sensierverhalten der integrierten Struktur vor. Darauf aufbauend wird das Funktionsverhalten zur Crashsensierung im folgenden Kapitel bewertet.

# Kapitel 6

# Primärfunktion der Crashsensierung

Für die Crashsensierung wird anhand eines Stichversuchs das Funktionsverhalten der integrierten Struktur bei einer Kollision im Grundsatz überprüft. Eine fundierte Aussage zum Sensierverhalten der integrierten Struktur als Teil der Sensierung am Gesamtfahrzeug wird nicht geleistet.

## 6.1  Methode und Prüfaufbau

Als Methode dient ein etablierter Komponententest im Fallturm. Die Komponente ist ein metallischer Längsträger, an den eine integrierte Strukturplatte steif angebracht ist. Der Längsträger ist mit einem Crashabsorber aus Aluminium kombiniert. Crashabsorber sind metallische Deformationselemente, die in Kombination mit dem Längsträger Teile der kinetischen Energie bei einer Fahrzeugkollision abbauen [162], [163]. Für den verwendeten Aluminiumabsorber liegen Informationen zum Verhalten im Komponententest bereits vor [162]. Damit wird die Datengewinnung der Messung auf logische Richtigkeit geprüft.

Die Zielgröße der Untersuchung ist die von der integrierten Struktur gemessene Beschleunigung. Es wird untersucht, ob das Sensorsignal auf die Anregung der Komponente crashtypisch reagiert. Als Bewertungsgrundlage dient der Kraftverlauf über die Dauer der Kollision. Die Messung des Kraftsignals erfolgt am Crashabsorber über den Fallturmprüfstand. Das Beschleunigungssignal wird während der Fallturmprüfung an der integrierten Strukturplatte kontinuierlich aufgezeichnet.

**Prüfequipment und Demonstrator**

Der Komponententest erfolgt mit einem Fallturm am Institut für Maschinenelemente, Konstruktion und Fertigung (Technische Universität Bergakademie Freiberg, Deutschland). Der Prüfaufbau ist in Abbildung 6.1 dargestellt. Der Prüfstand zeichnet den Kraftverlauf und den Deformationsweg am Crashabsorber mit einer Kraftmessdose und einem Wegsensor auf. Der Crashabsorber ist ein Aluminiumrohr mit den Maßen $(d \times h)$ 50 mm×70 mm und einer Wandstärke von 2 mm. Das Faltverhalten dieses Absorbers bei der Deformation ist bekannt und reproduzierbar [162], [164]–[166]. Als integrierte Strukturplatte wird der CFK-Demonstrator der Analyse der Funktionseigenschaften verwendet (Kapitel 5). Der Demonstrator ist mit dem Längsträger verschraubt. Er wird über eine PSI5-Simulyzer USB Box (SesKion GmbH, Deutschland) angesteuert und ausgelesen.

Die Prüfparameter des Komponententests sind in Tabelle 6.1 erfasst.

| Parameter | Wert |
|---|---|
| Fallmasse | 60 kg |
| Fallhöhe | 2 m |
| Höhe des Längsträgers mit Absorber | 0,17 m |

Tabelle 6.1: Prüfparameter des Komponententests im Fallturm

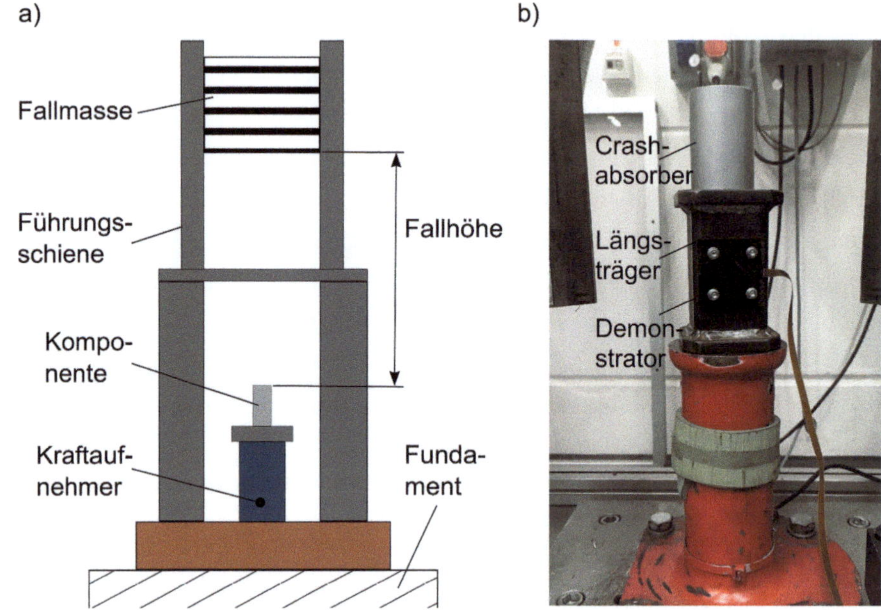


Abbildung 6.1: Prüfaufbau des Komponententests im Fallturm [142]

*a): Konzept des Fallturms, b): Aufbau der Komponente*
Der Prüfstand des Fallturms a), zeichnet den Kraftverlauf und den Deformationsweg am Crashabsorber mit einer Kraftmessdose und einem Wegsensor auf. Die Komponente b), besteht aus dem Crashabsorber, dem Längsträger und dem Demonstrator, der an den Längsträger angeschraubt ist. Der Demonstrator wird über das seitlich herausgeführte Ende des Flexträgers angesteuert und ausgelesen.

## 6.2 Ergebnisse

Beim Komponententest im Fallturm wird die Komponente axial belastet. Es erfolgt eine Plausibilitätsprüfung des Beschleunigungssignals anhand des Kraftverlaufs bei der Kollision. Dazu werden die Signalverläufe über der Zeit abgeglichen. Mit dem Komponententest wird an der Komponente eine Kollision simuliert. Die Komponente setzt sich aus dem Längsträger, der integrierten Struktur und dem Crashabsorber zusammen. Sie wird als Gesamtsystem angeregt.

Aus den Messergebnissen sind in Abbildung 6.2 das von der integrierten Struktur gemessene Beschleunigungssignal und der am Crashabsorber aufgezeichnete Kraftverlauf aufgetragen. Der Kraft-Zeit-Verlauf am Aluminiumabsorber gibt das typische Systemverhalten der Komponente wieder (Abbildung 6.2 a)). Es ist qualitativ vergleichbar mit dem Verhalten bei realen Crashtests [162]. Die Faltung des Absorbers entspricht der Absorberfaltung bei vergleichbaren Komponententests [162].

In der Detaildarstellung der Signale ist der Aufprall der Fallmasse nach 13 ms ersichtlich (Abbildung 6.2 b)). Zu diesem Zeitpunkt erfolgt ein steiler Anstieg des Kraftsignals. Zeitgleich tritt ein positiver Ausschlag des Beschleunigungssignals der integrierten Struktur auf. Die integrierte Struktur reagiert also ohne Zeitversatz auf die Systemanregung. Das System war bis zum Aufprall der Masse in Ruhe. Daher gibt das Beschleunigungssignal die erste Welle der Anregung direkt wieder, ohne dass vorausgegangene Schwingungsanteile überlagert sind. Im weiteren Verlauf der Kollision folgt die Deformation des Absorbers mit der typischen Rundfaltenbildung. Beim Kraftsignal entspricht das der Oszillation bei einer mittleren Kraft von circa 50 kN (Abbildung 6.2 c)). Der tieffrequente Kraftverlauf ist plausibel und materialtypisch für den Crashabsorber [162]. Das Beschleunigungssignal gibt die Kraftoszillationen durch positive und negative Amplituden im Rahmen der Messgenauigkeit zeitgleich wieder. Über die Zeit baut die Faltung des Absorbers einen Teil der Kollisionsenergie ab. Die Anregung wird daher nicht mehr vollständig in das System eingeleitet. Bei der integrierten Struktur führt dies zu einer Dämpfung des Beschleunigungssignals. Mit zunehmender Faltung reduziert sich der Bereich des Absorbers, der zur Deformation zur Verfügung steht. Damit nimmt auch die

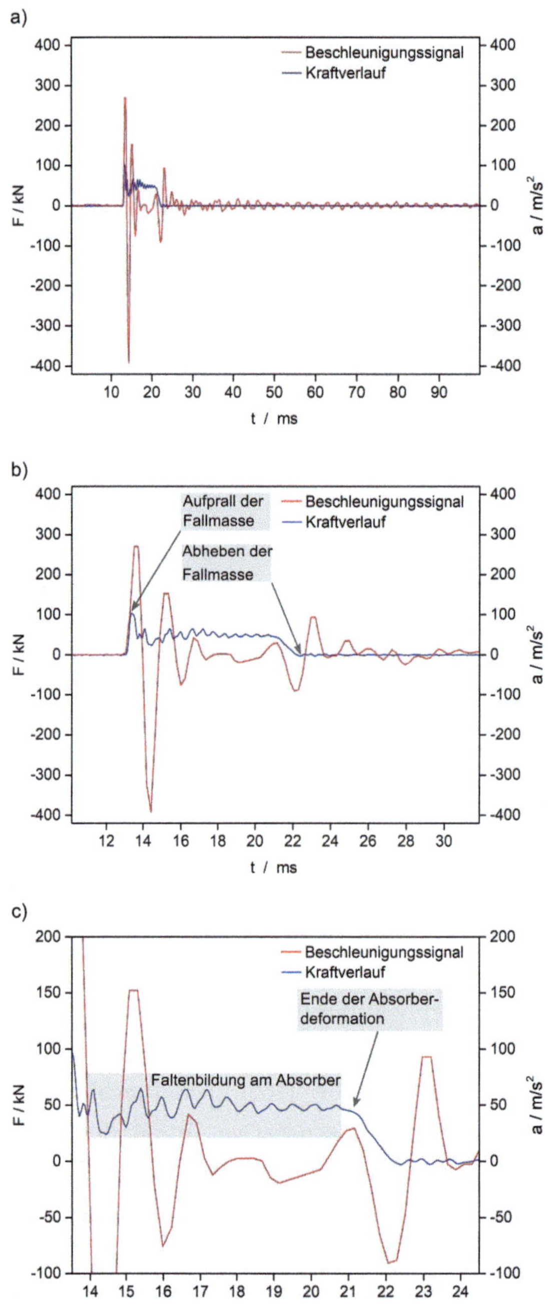



Abbildung 6.2: Signalverläufe beim Komponententest (Fallturmprüfung) [142]
*a): Gesamte Verläufe, b)/c): Detaildarstellungen (Fallmasse: 60 kg, Fallhöhe: 2 m)*

Dämpfung des Beschleunigungssignals sukzessive ab. Zeitgleich überlagern sich vorangegangene Schwingungsanteile. Zwischen 20 ms und 21 ms tritt dann eine Rückfederung im Millisekundenbereich auf, was der kurze Kraftsprung im Kraftverlauf zeigt. Der Effekt resultiert in einer erneuten Wellenanregung, auf die das Beschleunigungssignal mit einer Vollschwingung reagiert (Abbildung 6.2 c)). Ab etwa 21 ms nimmt die Kraft sukzessive ab. Das Ende der Absorberdeformation ist erreicht. Bei 22 ms hebt die Fallmasse von der Komponente ab und die Kraft erreicht das Nullniveau (Abbildung 6.2 b)). Es erfolgt keine weitere Krafteinwirkung, wodurch die Systemschwingung abklinkt. Als Reaktion reduziert sich die Oszillation des Beschleunigungssignals bis nur noch ein Signalrauschen vorliegt.

Der Signalvergleich zeigt insgesamt, dass die von der integrierten Struktur gemessene Beschleunigung mit dem Kraftverlauf am Crashabsorber korreliert. Die integrierte Struktur bildet das Systemverhalten als Reaktion auf die Systemanregung plausibel ab.

## 6.3 Zusammenfassung und Diskussion

Beim Komponententest ist die integrierte Struktur ein fester Teil der Komponente. Die Fallmasse regt die Komponente beim Aufprall als Gesamtsystem an. Das Beschleunigungssignal, das die integrierte Struktur bei der Anregung misst, wurde mit dem Kraftverlauf am Crashabsorber verglichen. Das Verhalten der beiden physikalischen Messgrößen ist als Reaktion auf die Systemanregung äquivalent. Auch entspricht das Verhalten der integrierten Struktur dem Sensierverhalten von vergleichbaren Beschleunigungssensoren, die für Crashversuche ausgelegt sind [162]. Das Beschleunigungssignal gibt die charakteristische Wellenausbreitung der Anregung im Versuch durch prägnante Schwingungen deutlich wieder.

Das Fazit der vorliegenden Plausibilitätsprüfung im Komponententest ist, dass typisches Funktionsverhalten der integrierten Struktur bei einer Kollision vorliegt. Die Integration des Beschleunigungssensors in die FVK-Struktur schränkt den Einsatz zur Crashsensierung am Fahrzeug also vorerst nicht ein. Bei der Sensierung wird durch die veränderten Eigenschaften der Verbindungstelle die Übertragung des Crashsignals von der Struktur zum Sensor nicht beeinflusst. Die These gilt unter der

Prämisse, dass die vorliegende Betrachtung rein phänomenologisch ist. Denn die differenzierte Bewertung des Sensierverhaltens setzt den zahlenmäßigen Abgleich der Messwerte der Beschleunigung mit dem Systemverhalten des Komponententests voraus. Die Sensierung ist an das Verhalten des Systems bei der Anregung gekoppelt. So sind bei der Signalübertragung das Transferverhalten und die Resonanz durch die Gesamtstruktur bestimmt, an die der Beschleunigungssensor angebracht ist. Beim praktischen Einsatz des Sensors werden die Parameter der Übertragungsfunktion des Signals daher abhängig vom Fahrzeugtyp und vom Applikationsort bestimmt. Entsprechend bedeutet das für den vorliegenden Komponententest, dass das Verhalten des Gesamtsystems bekannt sein muss. Das umfasst den gesamten Prüfaufbau und ist aufgrund der unterschiedlichen Einflussgrößen komplex. Die Einflussgrößen sind unter anderem die geometrischen Parameter und das Materialverhalten der Einzelbestandteile des Systems. Außerdem sind beim Prüfaufbau die Gegebenheiten am Applikationsort der integrierten Struktur entscheidend. Die Abhängigkeit des Systemverhaltens von diesen Größen ist genau zu erfassen. Dazu sind gegebenenfalls physikalische Ersatzmodelle für definierte Randbedingungen notwendig. Aufgrund der Komplexität des Systemverhaltens, sind analytische Verfahren hilfreich, die zur Beschreibung von Deformationsprozessen bei Crashstrukturen entwickelt wurden [163]. Auch zur Bestimmung der Parameter der Übertragungsfunktion des Sensors bei unterschiedlichen Strukturen liegen Methoden zur Vorhersage vor, auf die möglicherweise zurückgegriffen werden kann [162].

Aufgrund der genannten Aspekte, sind die Ergebnisse der vorliegenden Untersuchung auch nicht direkt auf die Crashsensierung beim Fahrzeug als Gesamtsystem übertragbar. Es liegt aber eine Einschätzung zum Funktionsverhalten der integrierten Struktur bei einer Kollision vor. Auf dieser Basis sind fundierte Untersuchungen, idealerweise am Gesamtfahrzeug, der nächste sinnvolle Schritt. Des Weiteren sollte die Absicherung des korrekten Funktionsverhaltens der integrierten Struktur umfassend validiert werden. Für den praktischen Einsatz zur Crashsensierung muss der Messbereich des integrierten Sensors an die umgebende Struktur angepasst werden. Dabei sind auch der Applikationsort am Fahrzeug und die Art der Applikation (Integration) wesentlich. Des Weiteren muss das veränderte Crashverhalten einer FVK-Struktur gegenüber der etablierten metallischen Fahrzeugstruktur berücksichtigt werden. Die Crashsensierung als integrierter Teil von Fahrzeugstrukturen in Faserverbundbauweise eröffnet daher ein weiterführendes breites Beschäftigungsfeld.

# Kapitel 7

# Sekundärfunktion der Zustandsdetektion

Die Zustandsänderung wird im Versuch durch eine Schädigung der integrierten Struktur erzeugt. Bei FVK-Strukturen kann eine Schädigungsentwicklung prinzipiell bereits während der Herstellung auftreten. Schädigungen erfolgen auch im späteren Betrieb durch einwirkende Lasten und kurzzeitige Ereignisse.

## 7.1 Methode und Prüfaufbau

Die Methode der Untersuchung basiert auf einem Referenzvergleich. Das Bezugssystem ist die integrierte Struktur im Ausgangszustand. Nach dem Eintreten eines (schädigenden) Ereignisses ist der dann vorhandene Strukturzustand das Vergleichssystem. Auffällige Unterschiede zwischen den beiden Systemen werden als Zustandsänderung aufgefasst. Die Prüfmethode besteht aus mehreren Schritten. Als Basis wird ein Referenzsignal an der integrierten Struktur im Ausgangszustand aufgezeichnet. Dazu dient das Beschleunigungssignal als Reaktion auf eine Prüfanregung der Struktur. Nach einem eingetretenen Ereignis wird das Signal mit demselben Verfahren erneut aufgezeichnet. Es erfolgt ein Vergleich der beiden Signale. Für die vorliegende Untersuchung wird eine integrierte Struktur aus GFK verwendet. GFK ist durchsichtig und auch im Inneren der Struktur ist eine Zustandsänderung visuell erkennbar. Über den visuellen Vergleich wird der Referenzvergleich der Signale validiert.

Die Zielgröße ist die von der integrierten Struktur gemessene Beschleunigung über der Zeit. Die typische Reaktion des Beschleunigungssignals auf eine Anregung sind aufeinanderfolgende Schwingungen. Wenn sich das System beruhigt, klingen die Schwingungen ab. Der Referenzvergleich stellt heraus, ob sich einzelne Merkmale der Zielgröße signifikant verändern. Dabei liegt die Annahme zugrunde, dass eine Änderung des Beschleunigungssignals nach der wiederholten Prüfanregung das Resultat einer Zustandsänderung der integrierten Struktur ist. Die Annahme ist valide, da die Struktur und der integrierte Sensor ein zusammenhängendes System bilden.

**Prüfequipment und Demonstrator**

Die Prüfanregung erfolgt über eine Impulsprüfung. Die Demonstratorgeometrie ist eine Strukturplatte mit den Maßen ($l \times b \times s$) 150 mm×100 mm×4 mm (Abbildung 7.1 b)). Sie besitzt ein integriertes Sensordevice auf einer Seite der Platte. Die Demonstratoren sind mit einer wassergekühlten Trennsäge mit Diamanttrennscheibe aus GFK-Strukturplatten entnommen. Für den Anschluss an die Ansteuer- und Ausleseeinheit des Prüfaufbaus ist das herausgeführte Ende des Sensordevices mit einem Stecker verkabelt. Der Demonstrator wird über eine PSI5-Simulyzer USB Box (SesKion GmbH, Deutschland) angesteuert und ausgelesen.

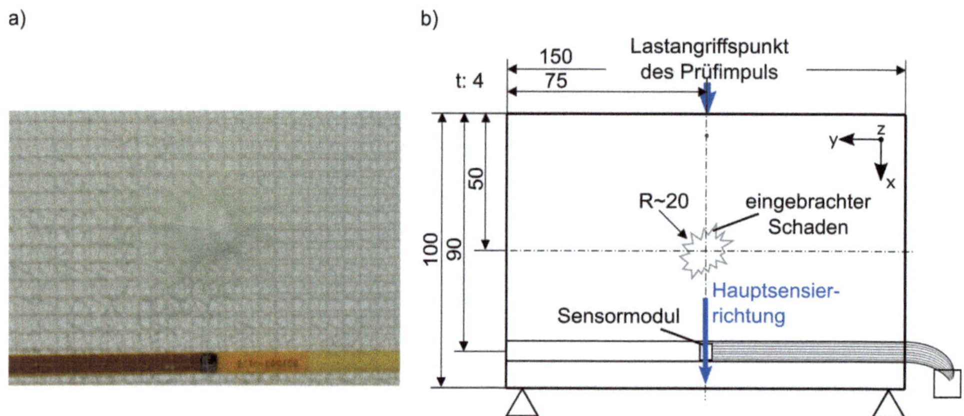



Abbildung 7.1: Demonstrator und Prüfaufbau der Impulsprüfung [140]

*a): Geschädigter Demonstrator, b): Maße und Randbedingungen der Prüfanregung*
Der Demonstrator hat ein integriertes Sensordevice, Schädigung wird ins Zentrum
eingebracht a). Für die Prüfanregung dient der definierte Impuls einer Fallmasse. Der
Demonstrator ist auf Schneidlagern an zwei Punkten vertikal frei gelagert b). An der
gegenüberliegenden Seite der gelagerten Kante befindet sich mittig der Lastangriffspunkt
des Impulses. Die Impulsrichtung entspricht der Hauptsensierrichtung des Sensormoduls.

Die Prüfanregung erfolgt über den definierten Impuls einer Fallmasse. Zur Ver-
suchsdurchführung wurde eine Vorrichtung entwickelt [167]. Der Demonstrator ist
darauf auf Schneidlagern an zwei Punkten vertikal frei gelagert (Abbildung 7.1 b)).
An der gegenüberliegenden Seite der gelagerten Kante des Demonstrators befindet
sich mittig der Lastangriffspunkt des Impulses. Die Impulsrichtung entspricht der
Hauptsensierrichtung des integrierten Sensormoduls. Die Prüfparameter sind in
Tabelle 7.1 erfasst.

Für den Referenzvergleich erfolgt zunächst die Prüfanregung des Demonstrators
im ungeschädigten Zustand. Das Beschleunigungssignal des integrierten Sensors

| Parameter | Wert |
|---|---|
| Fallmasse | 1,5 kg |
| Fallhöhe | 15 mm |
| Fallimpuls am Demonstrator | 0,8 $\frac{kg\,m}{s}$ |

Tabelle 7.1: Prüfparameter der Impulsprüfung

wird währenddessen kontinuierlich ausgelesen und aufgezeichnet. Nach der Referenzmessung wird die Schädigung über die Oberfläche ins Zentrum der Strukturplatte eingebracht (Abbildung 7.1 a)). Das erfolgt durch ein instrumentiertes Fallwerk HIT 230F (Zwick/Roell, Deutschland) mit einer Aufprallenergie von 10 J. Im geschädigten Zustand erfolgen die Prüfanregung und die Signalaufzeichnung nach dem gleichen Vorgehen. Die Impulsprüfung wird wiederholt an mehreren im Grunde identischen Demonstratoren durchgeführt. Das stellt sicher, dass der Referenzvergleich tolerant gegenüber einer schwankenden Qualität der integrierten Struktur ist. Dies ist bei FVK-Strukturen üblich.

**Signalanalyse**

Bei der Auslegung und beim technologisch etablierten Einsatz des Automobilbeschleunigungssensors ist der Referenzvergleich nicht vorgesehen. Folglich sind Unterschiede durch die Zustandsänderung beim Beschleunigungssignal im Zeitbereich womöglich nur eingeschränkt erkennbar. Um das auszuschließen, erfolgt die Signalanalyse des Beschleunigungssignals im Frequenzbereich. Da der Zustand eines Strukturbauteils mit seinem dynamisch-mechanischen Verhalten korreliert, äußert sich eine Änderung des Zustands in der Regel im veränderten Schwingverhalten.
Für den Referenzvergleich basiert die Signalanalyse auf einem systematischen Vorgehen. Als Ausgangspunkt wird das diskrete Sensorsignal im Zeitbereich im diskreten Frequenzbereich repräsentiert. Eine mathematische Beschreibung ist die Diskrete Fourier Transformation (DFT) nach Gleichung (7.1)

$$a(t) = C + a_1 sin(w_1 \cdot t) + a_2 sin(w_2 \cdot t)... \rightarrow X(f) = \int_{-\infty}^{\infty} x(t) \cdot e^{-j2\pi ft} dt \qquad (7.1)$$

Die DFT beruht auf einer periodischen Folge. Um für das Stoßsignal der Impulsprüfung Nichtperiodizität anzunähern, dient ein Zero-Padding. Anstelle der DFT wird die Fast Fourier Transformation (FFT) verwendet. Die FFT ist ein Algorithmus, mit dem die DFT effizient berechnet wird. Dies erfolgt nach Gleichung (7.2)

$$x_\mathrm{k} = \sum_{n=0}^{n-1} X_\mathrm{n} e^{\text{-j}\,\pi\,\frac{2kn}{N}} \tag{7.2}$$

*n: Anzahl der Interpolationsstellen des Signals im Zeitbereich*

*N: Anzahl der Interpolationsstellen des betrachteten Spektrums*

Das Zero-Padding wird auf das Signal im Zeitbereich vor der FFT angewendet. Diese Erweiterung der Signalfolge durch Nullen tastet das Spektrum feiner ab. Dadurch ist das abgetastete Ausgangssignal der FFT höher aufgelöst und Änderungen sind klarer erkennbar. Aufgrund der nur angenäherten Nichtperiodizität des Signals ist zur Analyse des Frequenzspektrums eine Signalperiode ausreichend. Das Spektrum der Signalperiode liegt nach der FFT symmetrisch zum Nullpunkt vor. Daher ist die einseitige Signalbewertung ausreichend. Somit werden beim Referenzvergleich nur die realen Signalanteile verglichen. Durch den Tiefpassfilter des Beschleunigungssensors ist nur der Bereich zwischen 0 Hz und der Grenzfrequenz des Tiefpassfilters von Interesse. Dieser Frequenzbereich wird beim Referenzvergleich untersucht.

## 7.2 Ergebnisse

Zum besseren Verständnis des Bauteilverhaltens erfolgt neben der Impulsprüfung im realen Versuch eine numerische Simulation zum Schwingverhalten des Demonstrators.

### 7.2.1 Numerische Simulation

Die numerische Simulation basiert auf der Finite-Element-Methode (FEM). Das numerische Modell entspricht im Wesentlichen der Geometrie des Demonstrators. Die Simulation dient einer rein qualitativen Plausibilitätsprüfung, daher ist eine vereinfachte numerische Modellierung ausreichend. Sie erfolgt für das ungeschädigte Modell (Bezugssystem) und für das geschädigte Modell (Referenzsystem). Die Simulationsmodelle sind in Anhang B beschrieben. Anhand einer Modalanalyse werden die Eigenfrequenzen und die Eigenmoden des Demonstrators bestimmt. Im

Fokus steht die Bewertung des Bereichs beim Demonstrator, an dem sich das integrierte Sensormodul befindet.

Die Ergebnisse der Modalanalyse sind beim ungeschädigten numerischen Modell und beim geschädigten numerischen Modell vergleichbar. Im Bereich von 0 Hz bis zur Grenzfrequenz des Tiefpassfilters des Sensors liefert die Modalanalyse zwei Eigenmoden für den Demonstrator. Die erste Eigenmode tritt beim ungeschädigten Modell bei 271 Hz und beim geschädigten Modell bei 268 Hz auf. Sie entspricht einer Torsionsbewegung (Abbildung 7.2 a), Abbildung 7.3 a)). Die zweite Eigenmode tritt beim ungeschädigten Modell bei 313 Hz und beim geschädigten Modell bei 306 Hz auf. Sie entspricht einer Biegebewegung (Abbildung 7.2 b, Abbildung 7.3 b)). Beide Eigenmoden führen vor allem zu starken Deformationen in der Dickenrichtung der Platte (z-Richtung in Abbildung 7.2, Abbildung 7.3). In der Plattenebene sind die Deformationen vergleichsweise gering (x/y-Ebene in Abbildung 7.2, Abbildung 7.3). Das integrierte Sensormodul liegt in der x/y-Ebene, die Hauptsensierrichtung ist parallel zur x-Richtung. Der Bereich des Demonstrators, in dem das integrierte Sensormodul eingebracht ist, wird durch die beiden Eigenmoden unterschiedlich beeinflusst. Das zeigt die relative Verteilung der Gesamtverformung. Sie ist in Abbildung 7.2 anhand von Zahlenwerten wiedergegeben. Die Torsionsmode (Abbildung 7.2 a)) hat im Vergleich zu den restlichen Bereichen der Strukturplatte eine geringe Auswirkung an der Position des Sensormoduls. Die Biegemode (Abbildung 7.2 b)) bewirkt an der Position des Sensormoduls eine deutlich stärkere Verformung als die Torsionsmode.

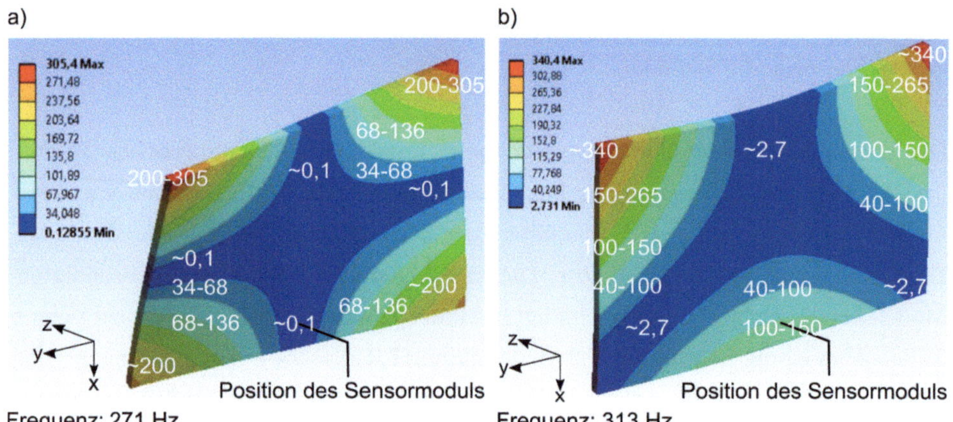


Abbildung 7.2: Gesamtverformung beim ungeschädigten Modell [140]

*a): Erste Torsionsmode, b): Erste Biegemode*
*Analyseverfahren: Modalanalyse (Finite-Elemente-Methode), Skalierung beliebig*
Die erste Torsionsmode tritt beim numerischen Modell des Demonstrators bei 271 Hz auf
a), die erste Biegemode bei 313 Hz b). Die relative Verteilung der Gesamtverformung
ist anhand von Zahlenwerten wiedergegeben. An der Position des Sensormoduls hat die
Torsionsmode im Vergleich zu den restlichen Bereichen der Strukturplatte eine geringe
Auswirkung. Die Biegemode bewirkt an der Position des Sensormoduls eine deutlich
stärkere Verformung.

Interessant ist, wie die beiden Eigenmoden in der Hauptsensierrichtung des Sensormoduls wirken. Dies zeigen die Repräsentationen der maximalen Verformung
des Modells in der x-Richtung. Das ist in Abbildung 7.3 anhand von Zahlenwerten
wiedergegeben. Auch in die Hauptsensierrichtung wirkt sich die Torsionsmode lokal
an der Position des Sensormoduls gering aus (Abbildung 7.3 a)). Die Biegemode
äußert sich in der Hauptsensierrichtung markant im Vergleich zu den anderen Bereichen der Struktur (Abbildung 7.3 b)).

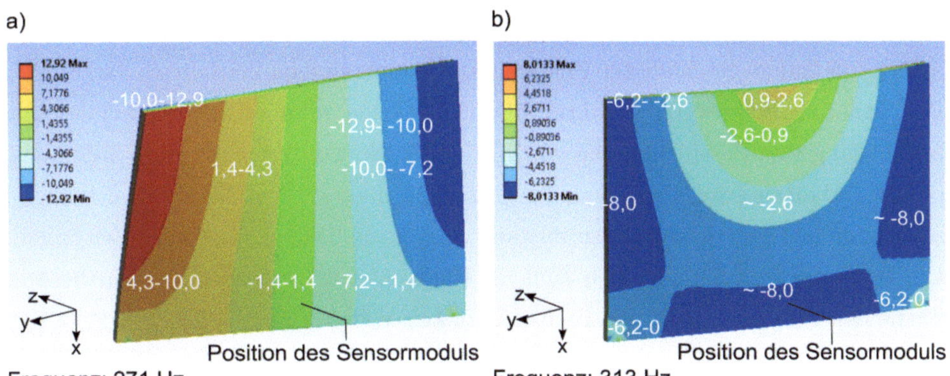


Abbildung 7.3: Verformung in Hauptsensierrichtung des Sensormoduls [140]

*a): Erste Torsionsmode, b): Erste Biegemode*
*Analyseverfahren: Modalanalyse (Finite-Elemente-Methode), Skalierung beliebig*
Die erste Torsionsmode, tritt beim numerischen Modell des Demonstrators bei 271 Hz auf a), die erste Biegemode bei 313 Hz b). Die relative Verteilung der Verformung in der x-Richtung (Hauptsensierrichtung) ist anhand von Zahlenwerten wiedergegeben. Die Torsionsmode hat an der Position des Sensormoduls im Vergleich zu den restlichen Bereichen der Strukturplatte eine geringe Auswirkung. Die Biegemode äußerst sich an der Position des Sensormoduls markant.

Durch die Modalanalyse sind die Eigenmoden der Strukturplatte im Frequenzbereich von 0 Hz bis zur Grenzfrequenz des Tiefpassfilters des integrierten Sensors erfasst. Das ermöglicht die qualitative Plausibilitätsprüfung des Versuchs. Die numerischen Ergebnisse verdeutlichen, dass für die Signalanalyse die erste Biegemode relevant ist. Dort kann sich eine Zustandsänderung, die das Schwingverhalten des Demonstrators beeinflusst, äußern.

### 7.2.2 Impulsprüfung

Mit dem Referenzvergleich wird die Zielgröße anhand der Signalanalyse untersucht. Falls sie sich nach der Schädigung auffällig verändert hat, wird das als ein Merkmal aufgefasst. Die Signifikanz der Merkmalsausprägung ist mit der dreistufigen Sternsymbolik nach [152] gekennzeichnet (Anhang C). Die Nullhypothese lautet: „Es liegt kein Effekt durch die Schädigung vor".

Abbildung 7.4 zeigt die Beschleunigungssignale der integrierten Struktur im ungeschädigten und im geschädigten Zustand. Die Signale sind im Zeitbereich dargestellt. Das Signal der integrierten Struktur gibt als Reaktion auf die Anregung bei der Impulsprüfung eine Beschleunigung von 100 $\frac{m}{s^2}$ zurück. Das zeigt die erste Signalamplitude. Danach erfolgt die typische Gegenschwingung. Der Vergleich des ungeschädigten mit dem geschädigten Zustand zeigt keine Unterschiede beim Zeitsignal. Die Beschleunigungsamplituden sind im Rahmen der Messgenauigkeit in beiden Zuständen identisch. Auch die Breite der ersten Vollschwingung der Signale ist für beide Zustände vergleichbar. Die weiteren Signalverläufe zeigen die charakteristische abklingende Oszillation nach der Anregung, bis das System in Ruhe ist.

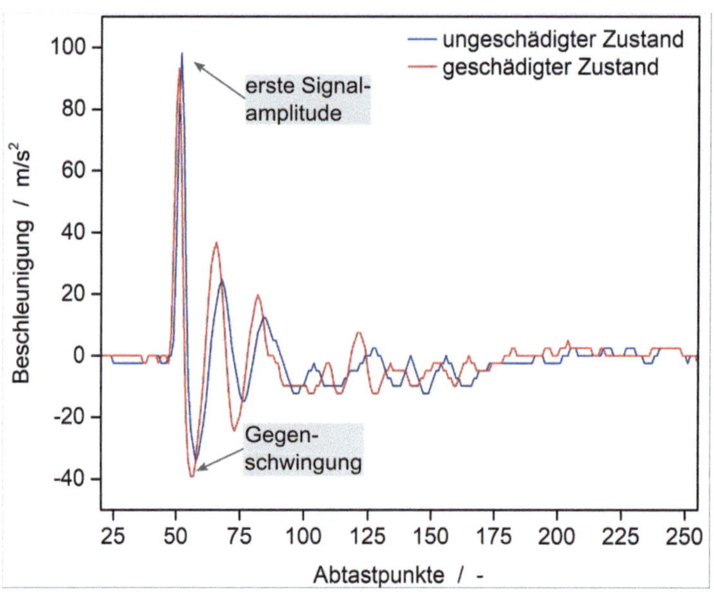


Abbildung 7.4: Beschleunigungssignale im Zeitbereich (Impulsprüfung) [140]

*Prüfung: Impulsprüfung, Impuls: 0,8 $\frac{kg\,m}{s}$*
*Samplerate: 4,2 kHz, Frame Size: 0,5 s, Blocklänge: 2048, Signale nach dem Zero-Padding*
Das Beschleunigungssignal gibt als Reaktion auf die Anregung bei der Impulsprüfung eine Beschleunigung von 100 $\frac{m}{s^2}$ zurück. Das zeigt die erste Signalamplitude. Danach erfolgt die typische Gegenschwingung. Im ungeschädigten Zustand und im geschädigten Zustand sind die Signalamplituden im Rahmen der Messgenauigkeit identisch. Auch die Breite der ersten Vollschwingung der Signale ist für beide Zustände vergleichbar. Die weiteren Signalverläufe zeigen die charakteristische abklingende Oszillation nach einer Anregung.

Nach der Signalanalyse ergibt der Referenzvergleich aber deutliche Unterschiede. Beim Beschleunigungssignal zeigt sich im Frequenzbereich ein klarer Effekt durch die Schädigung. Das zeigen die Hüllkurven der Spektralanteile der Signale in Abbildung 7.5.

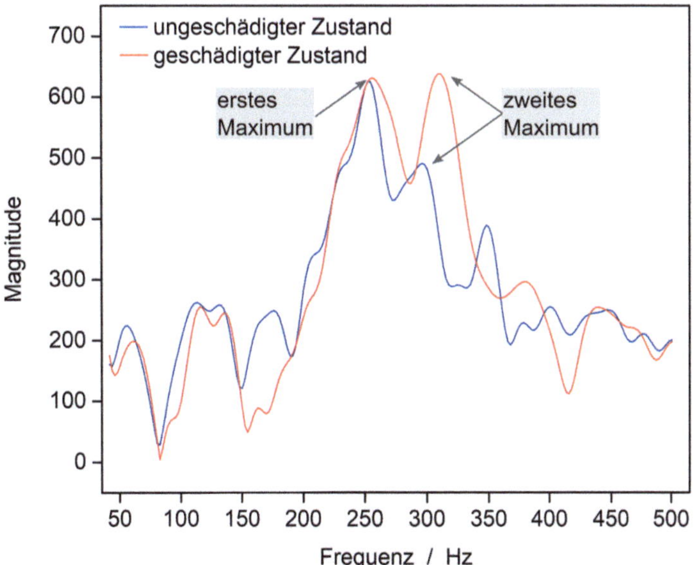


Abbildung 7.5: Beschleunigungssignale im Frequenzbereich (Impulsprüfung) [140]

*Prüfung: Impulsprüfung, Impuls: 0,8 $\frac{kg\,m}{s}$*
*Bandbreite: 2,08 kHz, Frequenzauflösung: 2,03 Hz, Spektrallinien: 1024*
Die Hüllkurven haben in beiden Zuständen zwei deutliche Maxima im Spektrum. Die Frequenz ist bei beiden Maxima im ungeschädigten Zustand und im geschädigten Zustand nicht signifikant unterschiedlich. Beim ersten Maximum ist auch die Magnitude beim ungeschädigten Zustand und beim geschädigten Zustand identisch. Die Magnitude des zweiten Maximums ist durch die Schädigung gegenüber des ungeschädigten Zustands signifikant erhöht.

Die Hüllkurven haben in beiden Zuständen der integrierten Struktur zwei deutliche Maxima (erhöhte Frequenzanteile) im Spektrum. Die Lage (Frequenz auf der Abszisse) und die Größe (Magnitude auf der Ordinate) sind in Tabelle 7.2 für das erste Maximum und für das zweite Maximum in Zahlen erfasst. Die Relativvergleiche in den beiden Tabellen beziehen sich jeweils auf den ungeschädigten Zustand.

| Strukturzustand | Frequenz [Hz] | Magnitude |
|---|---|---|
| **Erstes Maximum** | | |
| Ungeschädigt | 257 (2,5) | 680 (19,7) |
| Geschädigt | 245 (10,6) | 646 (30,6) |
| Relatives Delta | -0,04 (0,03) | -0,03 (0,03) |
| **Zweites Maximum** | | |
| Ungeschädigt | 305 (5,5) | 535 (10,5) |
| Geschädigt | 308 (9,5) | 627 (25,9) |
| Relatives Delta | 0 (0,02) | 0,17 (0,03) |

*Median (Standardabweichung), Delta bezogen auf den ungeschädigten Zustand*

Tabelle 7.2: Erstes und zweites Maximum des Sensorsignals im Frequenzbereich

Die Frequenzen der beiden Maxima ändern sich durch die Schädigung der integrierten Struktur nicht signifikant. Das ist im Abgleich mit der numerischen Modalanalyse plausibel (siehe Abschnitt 7.2.1). Denn im Rahmen der Genauigkeit entspricht die Frequenz des ersten Maximums beim Versuch der ersten Torsionsmode beim numerischen Modell. Numerisch tritt die Mode im ungeschädigten Zustand bei 271 Hz (Versuch: 257 Hz) auf und im geschädigten Zustand bei 268 Hz (Versuch: 245 Hz) auf. Die Frequenz des zweiten Maximums entspricht der ersten Biegemode beim numerischen Modell. Numerisch tritt sie im ungeschädigten Zustand bei 313 Hz (Versuch: 305 Hz) und im geschädigten Zustand bei 306 Hz (Versuch: 308 Hz) auf. Interessant ist die Magnitude der Maxima in den beiden Strukturzuständen. Die Magnitude des ersten Maximums (Torsionsmode) zeigt keinen ausgeprägten Unterschied zwischen dem ungeschädigten Zustand und dem geschädigten Zustand. Die numerische Modalanalyse plausibilisiert auch dieses Verhalten. Denn beim numerischen Modell äußert sich die Torsionsmode an der Position des Sensormoduls nur geringfügig. Die Zustandsänderung zeigt sich daher bei der Frequenz der Torsionsmode auch nicht im Sensorsignal. Die Magnitude des ersten Maximums beim Versuch tritt aufgrund der Bauteilanregung der Prüfung bei 260 Hz auf. Die Bauteilanregung ist bei beiden Strukturzuständen identisch. Das Beschleunigungssignal gibt die Anregung beide Male direkt und unverändert wieder. Die Schädigung der integrierten Struktur ist beim ersten Maximum nicht bestimmend für das Signalverhalten des Sensors. Ein signifikanter [***] Unterschied liegt aber bei der Magnitude des zweiten Maximums (Biegemode) vor. Durch die eingebrachte Schädigung ist die Magnitude um 17 % erhöht. Auch dieses Verhalten ist mit der numerischen Modalanalyse plausibilisierbar. Die Frequenz des zweiten Maximums entspricht im Rahmen der Genauigkeit der ersten Biegemode beim numerischen Modell. Die Biegemode äußert sich an der Position des Sensormoduls deutlich. Somit zeigt sich auch die Zustandsänderung bei der Frequenz der Biegemode auffällig im Sensorsignal. Im Versuch tritt daher eine Änderung bei der Magnitude des zweiten Maximums auf.

Die Versuchsergebnisse zeigen, dass sich die Strukturschädigung im Signal des integrierten Sensors äußert. Um die Änderungen im Beschleunigungssignal des Sensors zu erkennen, ist die systematische Signalanalyse (nach Abschnitt 7.1) geeignet. Da das Schwingverhalten des Demonstrators bis zur Grenzfrequenz des Tiefpassfilters des integrierten Sensors bekannt ist, sind die Merkmale beim Sensorsignal interpretierbar. Die Schädigung wird dadurch detektiert. Für eine fundiertere Bewertung zur Auswirkung der Schädigung ist zusätzlich die numerische Simulation der Beschleunigungsanregung des Demonstrators hilfreich. Neben den Verformungen sind dann auch die Verschiebungen des Demonstrators der Anregung der Prüfung bekannt. Außerdem sollten zur Validierung der Methode zur Zustandsdetektion Untersuchungen an unterschiedlichen Strukturgeometrien durchgeführt werden.

## 7.3 Zusammenfassung und Diskussion

Die vorliegende Untersuchung bestätigt die Annahme, dass sich eine Änderung des Strukturzustands beim Beschleunigungssignal des integrierten Sensors zeigt. Zur Detektion der Zustandsänderung ist der Referenzvergleich eine geeignete Methode. Die Zustandsänderung wurde bei der vorliegenden Untersuchung durch eine Schädigung der integrierten Struktur umgesetzt. Die Schädigung verursacht eine Steifigkeitsreduzierung, welche die Verformungsanteile der Struktur erhöht. Bei der verwendeten Demonstratorgeometrie nehmen dadurch bei der ersten Biegemode die Frequenzanteile zu. Das Frequenzspektrum des Beschleunigungssignals des integrierten Sensors gibt diese Veränderung wieder. Das beruht darauf, dass der Sensor als integriertes Sensordevice ein fester Teil der Struktur ist. Das Gesamtsystem reagiert auf die Anregung bei der Prüfung mit einem charakteristischen Verhalten, das vom Zustand abhängig ist.

Das Fazit ist, dass durch die Integration des Automobilbeschleunigungssensors die Sekundärfunktion der Zustandsdetektion der FVK-Struktur möglich ist. Das setzt voraus, dass der Sensor an einer Position der Struktur integriert ist, an dem sich mindestens eine ihrer Eigenmoden äußert. Und die Mode muss im Frequenzbereich zwischen 0 Hz und der Grenzfrequenz des Tiefpassfilters des Sensors liegen. Bedingt durch die Integrationsposition ist beim Demonstrator die Auswirkung dieser Mode in der Hauptsensierrichtung des integrierten Sensors gering. Dennoch gibt das Sensorsignal die Zustandsänderung in ausreichender Genauigkeit bei dieser Mode wieder. Eine optimierte Positionierung des Sensordevices in der Struktur erhöht die Genauigkeit. Um die Zustandsdetektion auch örtlich zu präzisieren, können mehrere verteilte Sensoren in einem Strukturbauteil integriert werden. Die Auslegung des Sensordevices macht das leicht möglich, da mehrere Sensormodule auf einem flexiblen Schaltungsträger applizierbar sind. Durch seine Flexibilität ist das Sensordevice auch zur Integration in komplexere Bauteile geeignet. Die vorliegende Methode der Zustandsdetektion setzt voraus, dass das Schwingverhalten des Bauteils im Ausgangszustand bekannt ist. Mit zunehmender geometrischer Komplexität ist dazu gegebenenfalls der Einsatz von numerischen Methoden notwendig. Insbesondere bei der Weiterverwendung des Bauteils nach einem Ereignis muss das (veränderte) Bauteilverhalten als Referenz erneut erfasst werden.

Insgesamt zeigt die vorliegende Methode einen von mehreren möglichen Ansätzen zur Signalanalyse für den Referenzvergleich auf. Um die Methode zu vertiefen, ist eine breiter angesetzte Signalanalyse ein nächster Schritt. Die umfassende Zustandsdetektion dient einem sinnvollen Integritätstest des Bauteils. Daraus können Maßnahmen abgeleitet werden. Das sind zum Beispiel präzisere Entscheidungen zur Instandhaltung oder Reparatur. Der Integritätstest kann nach der Bauteilherstellung, nach einem Ereignis im Bauteilbetrieb oder als regelmäßige Routineprüfung erfolgen. Neben dem Sicherheitsaspekt ist durch die Zustandsabschätzung eine erhöhte Betriebsdauer des integrierten Bauteils möglich.

# Kapitel 8

# Fazit und Ausblick

Die Funktionalisierung von Produkten mit unterschiedlichen Sensortechnologien gewinnt branchenübergreifend an Bedeutung. Dabei steigt die Anzahl an Funktionen, wodurch zunehmend mehr Sensoren zum Einsatz kommen. Der zur Verfügung stehende Bauraum bei einem Produkt ist jedoch begrenzt. Das verlangt nach kompakten Lösungen zur Funktionalisierung. Durch die Kombination verschiedener Sensoren in einem Produkt werden die Sensorsysteme auch zunehmend komplexer. Dies erhöht den Aufwand bei der Auslegung, der Montage und der Logistik. Vor diesem Hintergrund wird die direkte Integration von Sensoren in Produkte unabdingbar.

Diese Doktorarbeit beschäftigt sich mit einem Ansatz zur Integration von Sensoren beim Automobil. Dabei wird ein technologisch etablierter Automobilbeschleunigungssensor zur Crashsensierung in Leichtbaustrukturen aus FVK integriert. Nach dem Stand der Technik wird der Sensor an die metallische Fahrzeugstruktur angeschraubt.

Die Literatur zeigt, dass die Sensorintegration in FVK-Strukturen überwiegend mit eigens dafür entwickelten Sensoren erfolgt. Diese basieren teilweise auf neuartigen Messprinzipien. Die Fokusanwendungen der damit realisierten sensorintegrierten Strukturen sind zudem außerhalb des Automobilbereichs.

Das heutige Automobil besitzt zahlreiche etablierte Sensorkonzepte. Der Entwicklungsaufwand für die eingesetzten Sensoren ist aufgrund der hohen Anforderungen an die funktionale Sicherheit enorm. Die Entwicklung von speziell in FVK integrierbaren Automobilsensoren gestaltet sich daher als zeit- und kostenintensiv. Der Übertrag von Sensoren aus anderen Einsatzbereichen, wie Flugzeuge oder Windenergieanlagen, die bereits zur Integration in FVK zur Verfügung stehen, bedeutet ebenfalls großen Aufwand für die Validierung der Sensierung beim Automobil.

Der neuartige Ansatz der vorliegenden Arbeit ist eine alternative Herangehensweise. Durch die Verwendung von etablierten Sensoren für die Sensorintegration reduziert sich der sensorseitige Entwicklungsaufwand enorm. Denn die Neuentwicklung von speziell integrierbaren Sensoren entfällt und die Validierung muss nicht von Grund auf erfolgen.

Zu Beginn dieser Arbeit erfolgte der Nachweis der Durchführbarkeit der Integration des technologisch etablierten Automobilsensors in FVK-Strukturen. Der Prozess zur Sensorintegration gliedert sich in drei Schritte, die Sensoranpassung (Entwicklung des Sensordevices), die Auslegung der FVK-Struktur und die Entwicklung einer serienfähigen Integrationstechnologie. Die Schritte wurden im Verlauf dieser Arbeit aufgezeigt. Bei den damit umgesetzten sensorintegrierten Strukturen wurden die Struktureigenschaften und die Funktionseigenschaften umfassend evaluiert.

Für die eigentliche Primärfunktion des Sensors, die Crashsensierung, wurde nachgewiesen, dass die sensorintegrierte FVK-Struktur sie erfüllt.

Am Beispiel der Zustandsdetektion der umgebenden Struktur wurde außerdem gezeigt, dass der integrierte Automobilbeschleunigungssensor auch für Sekundärfunktionen einsetzbar ist. Die Zustandsdetektion ist bei der eigentlichen Verwendung des Sensors nicht vorgesehen.

Ein wesentliches Ergebnis des ersten Fokus dieser Arbeit ist, dass sich die Harzinjektionstechnik zur Integration des technologisch etablierten Automobilsensors in FVK-Strukturen gut eignet. Dieses wurde als Beispiel durch die gute Bauteilqualität der mit dem RTM-Verfahren hergestellten integrierten Strukturen bestätigt. Die Integrationsqualität des Sensordevices in der Struktur erfüllt die Anforderungen an den Einbau des technologisch etablierten Automobilbeschleunigungssensors bei der Fahrzeugstruktur.

Eine weitere wichtige Erkenntnis ist, dass das integrierte Sensordevice bei einzelnen Lasten signifikante Einflüsse auf die Strukturmechanik hat. Die Signifikanz resultiert teilweise aus dem niedrigen Fasergehalt der integrierten FVK-Struktur. Der Fasergehalt wird bei FVK-Strukturen unter anderem durch die Bauteildicke bestimmt. Genauso wirkt sich die Auslegung der integrierten Struktur, in dieser Arbeit mit einem verdeckten Einbau des Sensors (Abschnitt 3.2.3), auf den Fasergehalt aus. Für den Einsatz beim Automobil ist ein höherer, technisch sinnvoller Fasergehalt anzustreben. Dazu ist eine Dünnung des Sensordevices aussichtsreich, indem ein kleineres Sensormodul verwendet wird. In anderen Einsatzbereichen sind Beschleunigungssensoren mit einer geringen Baugröße Stand der Technik.

Ein wesentliches Ergebnis des zweiten Fokus ist, dass die Sensierung der integrierten Struktur unter den geforderten Betriebsbedingungen grundlegend fehlerfrei ist. Auch nach den Umweltlasten *Hochtemperatur*, *Temperaturwechsel* und *Feuchte* liegt die fehlerfreie Sensierung bei der integrierten Struktur vor. Dennoch zeichnen sich nach der Behandlung mit den Temperaturwechseln und mit der Feuchte teilweise irreversible Effekte ab, auf denen weitere Untersuchungen aufbauen sollten.

Als wichtiges weiteres Ergebnis zeigt die integrierte Struktur auch das crashtypische Funktionsverhalten bei einer Kollision im Komponententest. Die Integration des Beschleunigungssensors in FVK-Strukturen schränkt den Einsatz zur Crashsensierung beim zukünftigen Automobil also erst einmal nicht ein. Ein wichtiger nächster Schritt sind Untersuchungen an der Struktur eines Gesamtfahrzeugs.

Das wesentliche Ergebnis des dritten Fokus bestätigt, dass die Sekundärfunktion durch die Integration des Automobilbeschleunigungssensors möglich ist. Wenn das Schwingverhalten der integrierten Struktur im Ausgangszustand bekannt ist, kann über eine systematische Signalanalyse des Beschleunigungssignals der aktuelle Strukturzustand detektiert werden. Aufbauend auf dem Ergebnis kann diese Methode zur Zustandsdetektion über eine breit angesetzte Signalanalyse vertieft werden. Die Auslegung des Sensordevices macht es auch leicht möglich, mehrere verteilte Sensoren im Strukturbauteil zu integrieren. Die Zustandsdetektion wird dadurch örtlich über die Struktur präzisiert.

Die Versuche zeigen auf, dass die Integration eines technologisch etablierten Automobilsensors in eine FVK-Struktur möglich ist. Der neuartige Integrationsansatz hat dabei folgende Vorteile:

- Technologisch etablierte Sensoren sind bei FVK-Strukturen einsetzbar. Die klassischen Montagetechnologien für metallische Strukturen sind meist nicht fasergerecht und sind nur bedingt bei FVK-Strukturen anwendbar (siehe Abschnitt 2.3).

- Für etablierte Sensorkonzepte besteht für zukünftige Automobile in Faserverbundbauweise kein Entwicklungsbedarf von neuen, speziell in FVK integrierbaren Sensoren. Sensorkonzepte, wie die Crashsensierung, können dadurch mit den technologisch etablierten Sensoren übertragen werden.

- Der notwendige Bauraum der heute durchschnittlich mehr als 100 Sensoren bei Fahrzeugen der Mittelklasse [2] verringert sich. Durch die Integration können auch mehrere Sensoren auf einem Sensordevice gekoppelt werden. Damit ist eine höhere Komplexität bei Sensorkonzepten möglich, was mit montierten Sensoren, Steckern und Kabelbaumsystemen nur bedingt umsetzbar ist.

- Das Gewicht von 100 montierten Sensoren am Fahrzeug beträgt etwa 2 kg. Dagegen haben 100 Sensormodule des Sensordevices ein Gesamtgewicht von 8 g. Noch erheblicher ist die Substitution des Kabelbaums. Er wiegt mit einer Länge von 1,6–2,5 km bei einem Mittelklassefahrzeug 50–70 kg [168], [169]. Der Flexträger des Sensordevices hat bei 2,5 km Länge ein Gewicht von etwa 3 kg. Die wachsende Zahl an Sensoren, Aktoren und Technologien zur Kommunikation, die zukünftig auch zwischen den Fahrzeugen und der Infrastruktur stattfindet, betont diese sekundäre Gewichtseinsparung. Damit reduziert sich unter anderem der Kraftstoffverbrauch oder bei batterieelektrisch betriebenen Fahrzeugen steigt die Reichweite.

- Da der integrierte Beschleunigungssensor die Zustandsdetektion seiner umgebenden Struktur als Sekundärfunktion erfüllt, muss dafür kein zusätzlicher

Sensor entwickelt und angebracht werden. Das erweitert das Einsatzspektrum des technologisch etablierten Sensors. Die Zustandsdetektion ist beim Einsatz von FVK wichtig, da Strukturschäden oft schwer erkennbar sind (siehe Abschnitt 2.1.2).

Am Beispiel des Crashsensors beim Automobil zeigt die vorgestellte Herangehensweise die Randbedingungen und die Grenzen der Integration von technologisch etablierten Sensoren in FVK-Strukturen auf. Der Integrationsansatz kann prinzipiell auch auf andere Produkte übertragen werden. Im Idealfall wird die Funktionalisierung von diversen Produkten über die Integration von etablierten, kommerziell verfügbaren Sensoren realisiert.

Mit der Entwicklung und der Patentierung des Sensordevices [170], [171] und einem Verfahren zur Herstellung von sensorintegrierten Kompositstrukturen [172]–[175], sowie einem Verfahren zur Prüfung der Strukturen [176]–[183], gemeinsam mit der Robert Bosch GmbH, wurde die Möglichkeit zur effizienten Sensorintegration perspektivisch aufgezeigt.

Aufbauend auf den Ergebnissen besteht weiterführender Handlungsbedarf zur Überprüfung der Robustheit und der Zuverlässigkeit der integrierten Struktur. Das betrifft zum einen die Strukturmechanik und zum anderen die Sensierung. Damit korreliert der Zustand am integrierten Sensordevice in der Struktur. Umfassende Zuverlässigkeitsanalysen bei unterschiedlichen mechanischen und thermischen Lasten sowie unter dem Einfluss von Medien sind daher zielführend. Außerdem ist zur Absicherung des Funktionsverhaltens der integrierten Struktur eine umfassende Validierung am Fahrzeug notwendig.

Die Anwendbarkeit des vorliegenden Ansatzes zur Sensorintegration beschränkt sich nicht auf die Crashsensierung und die Zustandsdetektion beim Automobil. Beide Funktionen, und übergeordnet die Beschleunigungsmessung, sind auch für andere Anwendungen nutzbar. Beispiele sind integrierte Sensoren im Schweller, im Unterboden oder im Batteriegehäuse eines Fahrzeugs sowie in Sportgeräten, Maschinen und Behältern [171], [177].

Zusätzlich kann das Beschleunigungssignal des integrierten Sensors auch für andere Sekundärfunktionen dienen. Zum Beispiel ist bereits bei der Herstellung einer FVK-Struktur das Prozess-Monitoring potentiell möglich [172]. Da sich der Sensor bereits im Laminatstack befindet, ist er bei der Harzinjektionstechnik zur Harzflussmessung einsetzbar. Ebenso ist über das Schwingverhalten nicht nur ein Schaden, sondern auch der Aushärtegrad eines Strukturbauteils über das Beschleunigungssignal bestimmbar.

Des Weiteren können für das Sensordevice andere, auch nicht physikalische Sensoren verwendet werden. Idealerweise wird ebenfalls auf MEMS-Sensoren zurückgegriffen. Um den Bedarf an Sensoren in unterschiedlichen Anwendungsbereichen zu decken, werden MEMS heute vielfach eingesetzt. Durch die direkte Integration in ein Produkt ist das Einsatzspektrum auch dieser Sensoren potentiell erweiterbar.

Die Produkte, in welche technologisch etablierte Sensoren integriert werden, sind nicht auf FVK-Strukturen oder Kompositstrukturen beschränkt. Der vorliegende Ansatz ist auf eine Vielzahl an Produkten im Kontext von IoT, Industrie 4.0, Entertainment, Smart Home oder Alltagsmanagement übertragbar. Vor allem wenn bei der Verfügbarkeit der Sensoren die funktionale Sicherheit im Vordergrund steht, ist der Integrationsansatz besonders effizient. Beispiele sind das autonome Fahren oder autonome Roboter [184].

Darüber hinaus ist die Integration von kompletten Sensorsystemen ein nächster Schritt. Das ist insbesondere im Hinblick auf die fortschreitende Miniaturisierung von Elektronik naheliegend. Auf dem Flexträger sind neben einem oder mehreren Sensoren auch Versorgungseinheiten und Elektronik zur Datenverarbeitung applizierbar. Auch befasst sich die Forschung zunehmend mit kabellosen komplett folienbasierten Multisensorplattformen, zur Anbindung an Antennen, Batterien und Mikrochips [138]. Diese sind in naher Zukunft gegebenenfalls technologisch etabliert und kommerziell verfügbar.

Mit dem Ansatz dieser Arbeit liegt eine Grundlage zur branchenübergreifenden effizienten Sensorintegration bei Produkten vor. Technologisch etablierte Sensoren sind mit dem Sensordevice zum Beispiel in Haushaltsgeräte, Helme, Crashtest-Dummies oder Roboter integrierbar. Die Produkte werden damit quasi zum Gehäuse des Sensors. Übergeordnet definiert der Integrationsansatz die Aufbau- und Verbindungstechnik von Sensoren dadurch neu. Denn das Produkt wird als umgebende, direkt angebundene Struktur selbst ein Teil des Sensors. Das Produkt hat damit Einflüsse auf die Sensierung und umgekehrt beeinflusst der integrierte Sensor das Verhalten des Produkts. Die Zusammenführung beider Systeme – Produkt und Sensor – zu einem Gesamtsystem eröffnet neue Potenziale. Das erfordert aber auch ein konzeptionelles Umdenken. In der vorliegenden Arbeit wurde ein Ausgangspunkt dazu dargestellt.

112

# Literaturverzeichnis


[1]   C. Bartz *et al.*, "Zur Medialität von Gehäusen. Einleitung", in *Gehäuse. Mediale Einkapselung*, Brill, Ed., Leiden (Niederlande), 2017.

[2]   A. Burkert, "Das moderne Automobil fordert die Sensorbranche. Im Fokus: Bordnetze", *Springerprofessional*, 2018.

[3]   D. Bannister, D. Jones, and M. Starkey, "Serienfertigung von Carbon-Karosserieteilen wird Realität", *Lightweight Design*, vol. 1, pp. 30–33, 2013.

[4]   D. Biermann, W. Hufenbach, and G. Seliger, *Serientaugliche Bearbeitung und Handhabung moderner faserverstärkter Hochleistungswerkstoffe. Untersuchung zum Forschungs- und Handlungsbedarf.* Progressmedia, 2008.

[5]   N. Fecht, "Luftige Aussichten", *Automobil Produktion*, pp. 38–40, Apr. 2012.

[6]   J. Fleischer and H. Wagner, "Technologieplanung zur automatisierten Fertigung von Preforms für CFK-Halbzeuge", *Lightweight Design*, vol. 1, pp. 18–23, 2013.

[7]   G. Gardinger, "Formpressen im Fokus", *MM Composite World*, vol. 9, pp. 10–15, Sep. 2010.

[8]   F. Henning *et al.*, "High Pressure RTM. A manufacturing process for large scale part production", in *Proceedings of the Polymer Processing Society 28th Anual Meeting*, Pattaya, Thailand, Dec. 2012.

[9]   C. Hopmann *et al.*, "New compression molding technology for high volume production of continuous fiber reinforced structural composites", in *Proceedings of the Polymer Processing Society 28th Annual Meeting*, Pattaya, Thailand, Dec. 2012.

[10]   C. Hopmann *et al.*, "Faserverstärkte Kunststoffe. Tauglich für die Großserien", *ATZ*, vol. 4, pp. 262–266, Apr. 2013.

[11]   M. Jänecke, "Aufprallschutz und selbstheilende Strukturen", *Automobil Konstruktion*, vol. 1, pp. 28–29, 2013.

[12]   J. Mitzler, J. Renkl, and M. Würtele, "Hoch beanspruchte Strukturbauteile in Serie", *Kunststoffe*, vol. 3, pp. 36–40, 2011.

[13]   A. Schnabel *et al.*, "Serienproduktion von Faserverbundkunststoffen. Automatisiertes textiles Preforming", *Lightweight Design*, vol. 3, pp. 44–47, Mar. 2009.

[14]   M. Strehlitz, "Karbon soll E-Autos attraktiver machen", *Automobil Produktion*, pp. 28–30, Apr. 2012.

[15]   R. Zirn, "Anforderungen an die Presstechnik bei der Produktion von CFK-Karosserieteilen", *Lightweight Design*, vol. 1, pp. 12–17, 2013.

[16]   K. Reif, *Automobilelektronik. Eine Einführung für Ingenieure*, 2nd ed. Vieweg und Teubner, 2007.

[17]   J. Schnelzer, *Einbaurichtlinie für den peripheren Beschleunigungsensor. Technische Kundenunterlage*, Robert Bosch GmbH, Stuttgart, 2016.

[18]   K. Reif and H. Wallentowitz, Eds., *Handbuch Kraftfahrzeugelektronik. Grundlagen, Komponenten, Systeme, Anwendungen*, 1st ed. Vieweg und Teubner, 2006.

[19]   Robert Bosch GmbH, 2015.

[20]   A. Risse, *Fertigungsverfahren der Mechatronik, Feinwerk- und Präzisionsgerätetechnik*. Vieweg und Teubner, 2012.

[21]   F. Hüning, *Sensoren und Sensorschnittstellen*. De Gruyter, 2016.

[22]   Industrievereinigung Verstärkte Kunststoffe e.V., Ed., *Handbuch Faserverbundkunststoffe*, 3rd ed. Wiesbaden: Vieweg und Teubner, 2010.

[23]   A. P. Schmidt, "Faserverbundwerkstoffe im Automobilbau: Methodischer Ansatz zur Analyse von Schäden", Ph.D. dissertation, Universität Stuttgart, Fakultät Luft- und Raumfahrttechnik und Geodäsie, 2012.

[24] H. Schürmann, *Konstruieren mit Faser-Kunststoff-Verbunden*, 2nd ed. Berlin: Springer, 2007.

[25] T. Müller, *Faserverbundkunststoffe. Skriptum, Sommersemester 2011*, 2011.

[26] H. Funke, *Leichtbaukonstruktionen mit faserverstärkten Kunststoffen*, 2013.

[27] A. Volkwein, *Untersuchung über die Verwendung von Carbonfasern als Bewehrung mineralischer Baustoffe. Abschlußbericht über den Forschungsauftrag Az: BI 5-800178-30*, 1981.

[28] T. Müller, *Technologie der Verbundkunststoffe. Verstärkungsfasern. Skriptum, Sommersemester 2011*, 2011.

[29] H. Lengsfeld *et al.*, *Faserverbundwerkstoffe: Prepregs und ihre Verarbeitung.* München: Hanser, 2015.

[30] K. Moser, *Faser-Kunststoff-Verbund: Entwurfs- und Berechnungsgrundlagen.* Düsseldorf: VDI, 1992.

[31] G. W. Ehrenstein, *Faserverbund-Kunststoffe: Werkstoffe, Verarbeitung, Eigenschaften*, 2nd ed. Carl Hanser, 2006.

[32] U. Kuhlmann, *Stahlbau Kalender 2020. Schwerpunkte: Neue Normung im Hochbau. Leichtbau.* Hoboken, New Jersey, USA: John Wiley and Sons, May 2020.

[33] M. Hinsch and J. Olthoff, Eds., *Impulsgeber Luftfahrt. Industrial Leadership durch luftfahrtspezifische Aufbau- und Ablaufkonzepte.* Berlin: Springer Vieweg, 2013.

[34] F. Klunker, "Aspekte zur Modellierung und Simulation des Vacuum Assisted Resin Infusion", Ph.D. dissertation, Technische Universität Clausthal, Fakultät für Natur- und Materialwissenschaften, 2008.

[35] M. Neitzel, P. Mitschang, and U. Breuer, *Handbuch Verbundwerkstoffe. Werkstoffe, Verarbeitung, Anwendung*, 2nd ed. Carl Hanser, 2014.

[36] C. Polowick, "Optimizing Vacuum Assisted Resin Transfer Moulding. Processing Parameters to Improve Part Quality", M.S. thesis, Carleton University Ottawa Canada, 2013.

[37] J.-M. Berthelot, *Mechanics of Composite Materials and Structures*, 3rd ed. Vallouise, Frankreich, 2015.

[38] A. M. Elgalai *et al.*, "Crushing response of composites corrugated tubes to quasi-static axial loading", *Composite Structures*, vol. 66, no. 1, pp. 665–671, 2004.

[39] G. Belingardi, S. Boria, and J. Obradovic, "Energy absorbing sacrificial structures made of composite materials for vehicle crash design", *Dynamic Failure of Composites and Sandwich Structures*, pp. 557–609, 2013.

[40] H. Ardebili, S. Sealing, and C. Seeley, "Analysis of an Embedded Sensor in a Composite Laminate for Enabling Damage Detection", in *Proceedings of the IPACK 2003*, 2003.

[41] M. Torres *et al.*, "Comparison between the Classic Sensor Embedding Method and the Monitoring Patch Embedding Method for Composite Instrumentation", *Applied Composite Materials*, pp. 707–724, 2013.

[42] J. Hansen and A. Vizzini, "Fatigue response of a host structure with interlaced embedded devices", in *Structures, Structural Dynamics and Materials and Co-located Conferences*, A. I. of Aeronautics and Astronautics, Eds., 1997.

[43] G. Sala *et al.*, *Embedded Piezoelectric Sensors and Actuators for Control of Active Composite Structures*, 2004.

[44] S. Mall and J. M. Coleman, "Monotonic and fatigue loading behavior of quasi-isotropic graphite-epoxy laminate embedded with piezoelectric sensor", *Smart Materials and Structures*, vol. 7, no. 6, pp. 822–832, 1998.

[45] S. Mall, "Integrity of graphite/epoxy laminate embedded with piezoelectric sensor/actuator under monotonic and fatigue loads", *Smart Materials and Structures*, vol. 11, no. 4, p. 527, 2002.

[46] S. Bosse and D. Lehmhus, *Material-integrierte Sensorische Systeme. Vom Sensor zum Perzeptiven System*, Vorlesungsskript ISIS Universität Bremen, 2013.

[47]   M. Torres *et al.*, "Mechanical Characterization of an Alternative Technique to Embed Sensors in Composite Structures: The Monitoring Patch", *Applied Composite Materials*, pp. 379–391, 2010.

[48]   B. Boehme *et al.*, "Strukturintegrierte Ultraschallsensorik und -elektronik in CFK-Baugruppen für die Zustandsüberwachung", *PLUS. Produktion von Leiterplatten und Systemen*, vol. 15(4), pp. 848–855, 2013.

[49]   A. Friedmann, *Fraunhofer Allianz Adaptronik: Schadensüberwachung an Leichtbaustrukturen*, Sep. 2020.

[50]   H. P. Monner and M. Rose, "Autonomous Composite Structures", in *Adaptive, Tolerant and Efficient Composite Structures. Research Topics in Aerospace*, M. Wiedemann and M. Sinapius, Eds., Berlin: Springer, 2013, pp. 375–380.

[51]   I. Pitropakis, H. Pfeiffer, and M. Wevers, "Impact damage detection in composite materials of aircrafts by optical fibre sensors", in *10th European conference and exhibition on non-destructive testing (10th ECNDT)*, 2010.

[52]   G. Thursby *et al.*, "Comparison of point and integrated fiber optic sensing techniques for ultrasound detection and location of damage", in *Proceedings SPIE 5384: Smart Structures and Materials 2004: Smart Sensor Technology and Measurement Systems, 287*, D. Inaudi and E. Udd, Eds., vol. 5384, 2004, pp. 287–295.

[53]   G. Thursby *et al.*, "Damage Detection in Structural Materials using a Polarimetric Fibre Optic Sensor", in *Smart Structures and Materials 2003: Smart Sensor Technology and Measurement Systems. Proceedings of SPIE*, D. Inaudi and E. Udd, Eds., vol. 5050, 2003, pp. 287–295.

[54]   A. Winkler *et al.*, "Aktive faserverstärkte Thermoplastverbunde mit materialhomogen integrierten Piezokeraikmodulen. Ein Ausblick", in *Smarte Strukturen und Systeme. Tagungsband des 4SMARTS-Symposiums 6.-7. April 2016, Darmstadt*, T. Melz and M. Wiedemann, Eds., Oldenbourg: De Gruyter, 2016, pp. 172–181.

[55] K. J. Schubert and A. S. Herrmann, "On attenuation and measurement of Lamb waves in viscoelastic composites", *Composite Structures*, vol. 94, no. 1, pp. 177–185, 2011, ISSN: 0263-8223.

[56] J. S. Chilles, A. Croxford, and I. P. Bond, "Design of an embedded sensor for improved structural performance", *IOP Publishing, Smart Material Structures*, vol. 24, no. 115014, 2015.

[57] H. Hochrinner, "Aktiv gegen Schwingungen", *Automobil Produktion*, pp. 34–35, 2014.

[58] H. A. Sodano, G. Park, and D. J. Inman, *An investigation into the performance of macro-fiber ccomposite for sensing and structural vibration applications*, 2004.

[59] L. Rippert, M. Wevers, and S. Van Huffel, *Optical fibres for in situ monitoring the damage development in composites*, 2000.

[60] I. Herszberg *et al.*, "Sructural Health Monitoring For Advanced Composite Structures", in *Sixteenth International Conference on Composite Materials*, 2007.

[61] Y. Huang and S. Nemat-Nasser, "Structural Integrity of Composite Laminates with Embedded Microsensors", in *Sensor Systems and Networks: Phenomena, Technology and Applications for NDE and Health Monitoring 2007*, K. J. Peters, Ed., vol. 6530, San Diego, CA, USA, 2007.

[62] M. Schüller *et al.*, "Integration von Mikro- und Nanosystemen in Hybride Strukturen", in *Smarte Strukturen und Systeme. Tagungsband des 4SMARTS-Symposiums 6.-7. April 2016, Darmstadt*, T. Melz and M. Wiedemann, Eds., Oldenbourg: De Gruyter, 2016, pp. 161–171.

[63] J. Landgraf and E. Starke, "Faserverbundbauteil mit einer Sensor- und Anzeigeeinheit", German, pat. DE 10 2006 03 5274 A1, 2008.

[64] W. Lang *et al.*, "From embedded sensors to sensorial materials. The road to functional scale integration", *Sensors and Actuators*, vol. A 171, pp. 3–11, 2011.

[65] D. Nestler *et al.*, "Schichtverbunde der Zukunft: Funktionaliserte hybride Laminate auf Thermoplastbasis", *Lightweightdesign*, vol. 4, no. 15, pp. 20–25, 2015.

[66] D. Nestler and C. Karapepas, *Sensorintegration in thermoplastbasierte hybride Laminate. Artefaktfreie in-line Integration von intelligenten SHM-Komponenten Beitrag für Carbon Composites e.V.* 2016.

[67] F. Ebert *et al.*, "Integration of humidity sensors into fibre-reinforced thermoplastic composites", *Procedia Technology*, vol. 26, pp. 207–213, 2016.

[68] D. Godlinski, *Integration gedruckter Sensoren in Verbundwerkstoffe.*

[69] S. Herrmann *et al.*, "Structural Health Monitoring for Carbon Fiber Resin Composite Car Body Structures", in *Sustainable Automotive Technologies 2013. Proceedings of the 5th International Conference ICSAT 2013*, 2013.

[70] L. Molent and B. Aktepe, "Review of fatigue monitoring of agile military aircraft", *Fatigue and Fracture of Engineering Materials and Structures*, vol. 23, no. 9, pp. 767–785, 2000.

[71] S. R. Hunt and I. G. Hebden, "Eurofighter 2000: An Integrated Approach to Structural Health and Usage Monitoring", in *Exploitation of Structural Loads/Health Data for Reduced Life Cycle Costs*, Brüssel, Belgien, May 1998.

[72] C. Stolz and M. Neumair, "Structural Health Monitoring, In-service Experience, Benefit and Way Ahead", *International Journal of Structural Health Monitoring*, vol. 9, pp. 209–217, 2010.

[73] H. Wenzel, *Health Monitoring of Bridges.* Chichester, UK: John Wiley and Sons, 2009.

[74] C. R. Farrar and K. Warden, *Structural Health Monitoring: A Machine Learning Perspective.* Chichester, UK: John Wiley and Sons, 2013.

[75] D. Balageas, C.-P. Fritzen, and A. Güemes, *Structural Health Monitoring.* Chichester, UK: John Wiley and Sons, 2010.

[76] C. Cherif *et al.*, *Sensornetzwerke zur In-Situ-Bauteilüberwachung.*

[77] R. Lernbecher, U. Diehl, and R. Engelberg, "Faserverbund-Aufnahmekörper", German, pat. DE 10 2010 06 2695 A1, 2012.

[78]  J. Klöpfer, "Entwicklung eines Load-Monitoring-Systems für Sportgeräte", *Fraunhofer-Allianz Adaptronik (online)*, 2013.

[79]  F. Ullmann *et al.*, "Continuous Manufacturing of Piezoceramic Hybrid Laminates for Functionalised Formed Structural Components", in *Technologies for Lightweight Structures*, vol. 1, 2017.

[80]  A. Ghoshal *et al.*, "Experimental Investigation in Embedded Sensing for Structural Health Monitoring of Composite Components in Aerospace Vehicles", in *Proceedings of the ASME 2012 Conference on Smart Materials, Adaptive Structures and Intelligent Systems*, Stone Mountain, Georgia, USA, 2012.

[81]  K.-H. Haase *et al.*, "Strukturintegration von Dehnungsmessstreifen", German, pat. WO 2005 04 3107, 2005.

[82]  J. Graeber *et al.*, "Chassis part consisting of fiber-reinforced plastics, equipped with an Integrated sensor", English, pat. US 7 083 199 B2, 2006.

[83]  A. Horoschenkoff, "Carbonfaser: Sensorelement für funktionelle Faserverbundwerkstoffe", *Lightweightdesign*, no. 2, 2014.

[84]  B. Maron *et al.*, "Die vernetzte Karosserie: Funktionintegrativer Leichtbau mit Hybridgarn-Textil-Thermoplast-Vebunden", *Kunsstoffe*, no. 3, pp. 46–49, 2016.

[85]  H. Christof *et al.*, "Integrated Sensors for Structural Health and Crash Monitoring in Carbon Fiber Reinforced Polymers", in *IMTC Conference Chemnitz*, 2015.

[86]  S. Lu *et al.*, "Monitoring the manufacturing process of glass fiber reinforced composites with carbon nanotube buckypaper sensor", *Polymer Testing*, vol. 52, pp. 79–84, 2016.

[87]  K. Kishida and C. H. Li, *Pulse pre-pump-BOTDA technology for new generation of distributed strain measuring system*, 2006.

[88] M. Wishaw and D. P. Barton, "Comparative Vacuum Monitoring: a New Method of In-Situ Real Time Crack Detection and Monitoring", in *10th Asia-Pacific Conference on Non-Destructive Testing (PCNDT) Brisbane*, Brisbane, Australien: NDT.net, Sep. 2001.

[89] A. Weder *et al.*, "A novel technology for the high-volume production of intelligent composite structures with integrated piezoceramic sensors and electronic components", *Sensors and Actuators A*, vol. 202, pp. 106–110, 2013.

[90] F.-K. Chang, "From Smart Sensing to Multifunctional Materials: Are we ready for the challenges?", in *ICCM Conference, Montreal 2013*, 2013.

[91] *ISIS-Symposium at the MSE 2016 Congress*, Darmstadt, 2016.

[92] M. K. Moghaddam *et al.*, "Embedding Piezoresistive Pressure Sensors to Obtain Online Pressure Profiles Inside Fiber Composite Laminates", *Sensors*, vol. 15, pp. 7499–7511, 2015.

[93] N. Pantelelis *et al.*, "Fast development and intelligent process control for RTM", *Jec Composites Magazine*, no. 114, 2017.

[94] N. Pantelelis *et al.*, "Industrial cure monitoring and control of the RTM production of a CFRP automotive component", in *15th European Conference on Composite Materials (ECCM15)*, Venice, Italy, 2012.

[95] S. Konstantopoulos, E. Fauster, and R. Schledjewski, "Monitoring the production of FRP composites: A review of in-line sensing methods", *eXPRESS Polymer Letters*, vol. 8, no. 11, pp. 823–840, 2014.

[96] B. Yenilmez and E. M. Sozer, "A grid of dielectric sensors to monitor mold filling and resin cure in resin transfer molding", *Composites Part A: Applied Science and Manufacturing*, vol. 40, no. 4, pp. 476–489, 2009.

[97] G. Tuncol *et al.*, "Constraints on monitoring resin flow in the resin transfer molding (RTM) process by using thermocouple sensors", *Composites Part A: Applied Science and Manufacturing*, vol. 38, no. 5, pp. 1363–1386, 2007.

[98]    U. Sampath *et al.*, "In-Situ Cure Monitoring of Wind Turbine Blades by Using Fiber Bragg Grating Sensors and Fresnel Reflection Measurement", *Sensors*, vol. 15, no. 8, pp. 18 229–18 238, 2015.

[99]    M. K. Moghaddam *et al.*, "Design, fabrication and embedding of microscale interdigital sensors for real-time cure monitoring during composite manufacturing", *Sensors*, vol. 15, pp. 7499–7511, 2016.

[100]   E. Schmachtenberg, J. Schulte zur Heide, and J. Töpker, "Application of ultrasonics for the process conrol of Resin Transfer Moulding", *Polymer Testing*, vol. 24, pp. 330–338, 2004.

[101]   J. Schmidt, M. Opitz, and N. Liebers, "Evaluation and calibration of tool independent cure monitoring systems for epoxy resins", in *10th International Conference on Composite Science and Technology*, 2015.

[102]   G. Pandey *et al.*, "Smart tooling with integrated time domain reflectometry sensing line for non-invasive flow and cure monitoring during composites manufacturing", *Composites Part A: Applied Science and Manufacturing*, vol. 47, pp. 102–108, 2013.

[103]   S. J. Buggy *et al.*, *Optical Fibre Grating Refractometers for Resin Cure Monitoring*, 2007.

[104]   V. M. Murukeshan *et al.*, "Cure Monitoring of smart composites using Fiber Bragg Grating based embedded sensors", *Sensors and Actuators*, no. 79, pp. 153–161, 2000.

[105]   R. Schirmacher, "ANC im Automobil. Praktische Erfahrungen und Industrialisierungsaspekte. Keynote", in *Smarte Strukturen und Systeme. Tagungsband des 4SMARTS-Symposiums 6.-7. April 2016, Darmstadt*, Apr. 2016.

[106]   T. Sandner and R. Hornfeck, *Experimentelle Untersuchungen von Spannungen und Festigkeitseigenschaften an bauteilnahen CFK-Proben und Abgleich mit numerischen Berechnungsverfahren*, 2009.

[107]   H. Bergmann, *Konstruktionsgrundlagen für Faserverbundbauteile*. Springer, 1992.

[108]  G. W. Ehrenstein, *Handbuch Kunststoff-Verbindungstechnik*. München: Carl Hanser, 2004.

[109]  W. Michaeli, D. Huybrechts, and M. Wegener, *Dimensionieren mit Faserverbundwerkstoffen, Einführung und praktische Hilfe*. Carl Hanser, 1995, pp. 78–85.

[110]  *Ejot Delta PT. Produktbroschüre*, Bad Berleburg, 2009.

[111]  U. Beyer, "Flach-Clinch-Technologie", in Bamber: Meisenbach, 2011, ch. Herstellung eines Metall-Kunststoff-Verbundes mit der Flach-Clinch-Technologie, p. 10.

[112]  "Feste Verbindungen", *Maschinenmarkt*, vol. 41, pp. 27–28, 2006.

[113]  *Clever verbinden für höchste Ansprüche. Joined to last*, Zürich, Jul. 2011.

[114]  "Sichere Verbindung: Böllhoff und Frimo. ONE SHOT Technik: Stanzbuchse kommt schnell und prozesssicher in den Kunststoff", *K-Magazin*, Nov. 2007.

[115]  "T-IGEL Technologie Composite-Technology", in *Composite Braiding, Composite-Metall-Anbindung, Composite-Technology*, T. GesmbH, Ed., Wels, 2010, p. 9.

[116]  R. Gradinger and S. Ucsnik, "FEM-basierte Untersuchungen einer innovativen Metall-FVK Fügetechnik", in *hybridica Forum, Thementag Hybridbauweisen und Multimaterialsysteme für innovative Leichtbaulösungen*, München, Nov. 2010.

[117]  *EJOT EASYbossV. Die Standardlösung für unterschiedliche Aufsteckdicken*, Ejot GmbH u. Co. KG.

[118]  *Schnelles und prozesssicheres Kleben. Die ONSERT Technologie ermöglicht das Kleben diverser Verbindungselemente auf vielfältige Materialien.*

[119]  M. Kolax and W.-D. Dolzinski, "Connector and use of such a fastener for securing of aircraft components in a hybrid CFRP-metal construction", English, pat. DE 10 2007 003 276 A1, Jan. 2007.

[120]  R. Timmermann and G. Boscher, "Punch rivet has rivet element, which has head section, shaft section and base section, where rivet element has insulating part, which is made from electrically insulant material", English, pat. DE 10 2011 11 9596 A1, Nov. 2011.

[121]  H.-D. Hesse *et al.*, "Connection assembly and method for connecting at least a first componente made of carbon fiber reinforced composite material having at least a second component", English, pat. DE 10 2012 0018 59 A1, Dec. 2012.

[122]  A. Winkler, "Lasteinleitungseinrichtung", German, pat. DE 10 2008 06 1463 A1, Dec. 2008.

[123]  R. Lahr, "Partielles Thermoformen endlosfaserverstärkter Thermoplaste", Ph.D. dissertation, TU Kaiserslautern, Institut für Verbundwerkstoffe, 2007.

[124]  H. Seidlitz *et al.*, "Krafteinleitungssysteme bei hybriden Hochleistungskomponenten", in *12. Chemnitzer Textiltechnik-Tagung. TU Chemnitz*, P. Meynerts, Ed., 2009, pp. 220–230.

[125]  H. Seidlitz, L. Kroll, and L. Ulke-Winter, "Kraftflussgerechte Punktverbindungen. Hochbelastete Leichtbaustrukturen", *Kunststoffe*, vol. 3, pp. 50–53, Mar. 2011.

[126]  U. Endemann, S. Glaser, and M. Völker, "Kunststoff und Metall im festen Verbund. Verbindungstechnik für Kunststoff-Metall-Hybridstrukturen", *Werkstoffverbunde KU*, vol. 92, no. 11, pp. 110–113, Nov. 2002.

[127]  F. Schievenbusch, "Beitrag zu hochbelasteten Krafteinleitungselementen für Faserverbundbauteile", Ph.D. dissertation, Technische Universität Chemnitz, Fakultät für Maschinenbau und Verfahrenstechnik, Feb. 2003.

[128]  M. Völker, "Der Kragen hält, was er verspricht. Neue Ergebnisse zur Hybridtechnik. Kragenfügen der BASF", in *Fachpressekonferenz K 2004*, Ludwigshafen, 2004.

[129]  H. Schürmann and A. Elter, "Beitrag zur Gestaltung von Schraubverbindungen bei Laminaten aus Faser-Kunststoff-Verbunden", *Konstruktion*, no. 1/2, pp. 62–66, 2013.

[130]  W. Hufenbach, R. Kupfer, and M. Pohl, "Montagesysteme für Leichtbaustrukturen in der Großserie", *Konstruktion*, no. 1/2, pp. 6–8, 2013.

[131]  *AK-LV 27, Teil 1: Beschleunigungssensor. Spezifikation V1.20 des Arbeitskreises Sicherheitselektronik der Vertreter der Automobilhersteller Audi AG, BMW AG, Daimler-Chrysler AG, Porsche AG und Volkswagen Audi AG*, 2010.

[132]  *AK-LV 27, Teil 2: Umweltanforderungen und Prüfungen. Spezifikation V1.20 des Arbeitskreises Sicherheitselektronik der Vertreter der Automobilhersteller Audi AG, BMW AG, Daimler-Chrysler AG, Porsche AG und Volkswagen Audi AG*, 2010.

[133]  C. Kallmeyer, *Technologiestudie zum Bonden von ultradünnen ICs auf Folien, Integration in Mehrlagenstapel und Packages*, 2015.

[134]  *DuPont Kapton FPC. Polyimide Film. Technical Data Sheet*, DuPont de Nemours S.A.R.L., 2006.

[135]  W. Hellerich, G. Harsch, and E. Baur, *Werkstoff-Führer Kunststoffe. Eigenschaften, Prüfungen, Kennwerte*, 10th ed. Hanser Fachbuch, 2010.

[136]  H. Maidhof, *Folien sichern Funktion. Kunststofffilme in der Modernen Elektronik*, 2007.

[137]  A. Kugler *et al.*, "Ultra-thin Chip Technology and Applications", in J. N. Burghartz, Ed., New York: Springer, 2011, ch. Chip Embedding in Laminates, pp. 159–165.

[138]  M. Hartwig, R. Zichner, and Y. Joseph, "Inkjet-Printed Wireless Chemiresistive Sensors. A Review", *Chemosensors*, vol. 6, no. 66, 2018.

[139]  D. Manessis and A. Ostmann, "Embedding Technologies for SiP Manufacturing", *Advanced Packaging*, pp. 28–32, 2008.

[140]  L. Klein, "Sensor Systems for FRP Lightweight Structures: Automotive Features Based on Serial Sensor Products", *Sensors*, Jul. 2019. DOI: 10.3390/s19143088.

[141]  L. Klein, "Serien-Sensoren für die Faserverbund-Karosserie. Funktionalisierter Leichtbau und Schadensmonitoring", *ATZ*, Nov. 2019.

[142] L. Klein, Y. Joseph, and M. Kröger, "Product integration of established crash sensors for safety applications in lightweight vehicles", *Sensors*, vol. 21(21), no. 6994, Oct. 2021. DOI: `10.3390/s21216994`.

[143] M. Graebener, "Prozessoptimierung zur Integration von Sensorik in Faserverbundkunststoffe mittels VARI", M.S. thesis, Hochschule Esslingen, Robert Bosch GmbH, 2015.

[144] L. Klein and P. Middendorf, "Automobilsensoren: Eigenschaften einer Sensorintegration mittels Liquid Composite Molding", in *Technomer 2015, TU Chemnitz*, 2015.

[145] M. Stasch, "Konzeption und Auslegung einer thermo-mechanisch hochbelasteten Scheibe aus kohlefaserverstärktem Kunststoff", M.S. thesis, Universität Stuttgart, Robert Bosch GmbH, 2016.

[146] W. J. Elspass and M. Flemming, *Aktive Funktionsbauweise. Eine Einführung in die Struktronik.* Springer, 1998.

[147] *Aushärtung von Epoxidharzen und Glasübergangstemperatur*, Epoxy Technology Europe Ltd., Marlborough, UK.

[148] M. Wiedemann and M. Sinapius, Eds., *Adaptive, Tolerant and Efficient Composite Structures (Research Topics in Aerospace)*. Springer, 2013.

[149] W. Ostachowicz and J. Guemes, Eds., *New Trends in Structural Health Monitoring*. Springer, 2013.

[150] *Faserverstärkte Kunststoffe. Zugversuch an 45 Grad-Laminaten zur Bestimmung der Schubspannungs/Schubverformungs-Kurve, des Schubmoduls und der Schubfestigkeit in der Lagenebene (ISO 14129: 1997)*, Brüssel, Belgien: Normenausschuss Kunststoffe (FNK) im DIN Deutsches Institut für Normung e.V., Normenstelle Luftfahrt (NL) im DIN, 1997.

[151] A. S. Argon, "Fracture of composites", *Treatise on Materials Science and Technology*, pp. 79–114, 1972.

[152] J. Hedderich and L. Sachs, *Angewandte Statistik. Methodensammlung mit R.* 15th ed. Berlin: Springer Spektrum, 2016.

[153] *Faserverstärkte Kunststoffe. Bestimmung der Biegeeigenschaften (EN ISO 14125: 1998 + AC: 2001 + A1: 2011)*, Brüssel, Belgien: Normenausschuss Kunststoffe (FNK) im DIN Deutsches Institut für Normung e.V., Normenstelle Luftfahrt (NL) im DIN, 2011.

[154] *Faserverstärkte Kunststoffe. Bestimmung der Druckeigenschaften in der Laminatebene (ISO 14126: 1999)*, Brüssel, Belgien: Normenausschuss Kunststoffe (FNK) im DIN Deutsches Institut für Normung e.V., Normenstelle Luftfahrt (NL) im DIN, 1999.

[155] *Bestimmung der Zugeigenschaften. Teil 4: Prüfbedingungen für isotrop und anisotrop faserverstärkte Kunststoffverbundwerkstoffe (ISO 527-4: 1997)*, Brüssel, Belgien: Normenausschuss Kunststoffe (FNK) im DIN Deutsches Institut für Normung e.V., Normenstelle Luftfahrt (NL) im DIN, 1997.

[156] D. Nielow and V. Trappe, "Effects of defects. Fertigungsbedingte Imperfektionen in Sandwichschalenstrukturen unter Betriebsbeanspruchungen", in *8. Tagung: Rotorblätter von Windkraftanlagen*, Essen, 2016.

[157] H. Czichos, *Mechatronik. Grundlagen und Anwendungen technischer Systeme*, 4th ed. Springer Vieweg, 2019.

[158] T. Velten, "Mikromechanisch gefertigter 3D-Beschleunigungssensor für die Hand-Gebärdenerfassung", Ph.D. dissertation, Technische Universität Berlin, Jun. 2000.

[159] D. Beste, "Klein, kleiner, am kleinsten", *Springerprofessional Mikrosystemtechnik*, Sep. 2019.

[160] F. Güth *et al.*, "Electrochemical sensors based on printed circuit board technologies", *Procedia Engineering*, vol. 168, pp. 452–455, 2016.

[161] F. Güth, P. Arkia, and Y. Joseph, "Chemische Sensoren für die Industrie 4.0", *ACAMONTA: Zeitschrift für Freunde und Förderer der Technischen Universität Bergakademie Freiberg*, no. 23, 2016.

[162]  S. Nößner, "Einfluss der Fahrzeugstruktur auf beschleunigungsbasierte Crashsignale. Beschleunigungssignale im Fahrzeugcrash", Ph.D. dissertation, Technische Universität Bergakademie Freiberg, Institut für Maschinenelemente, Konstruktion und Fertigung, 2015.

[163]  M. Kröger, "Methodische Auslegung und Erprobung von Fahrzeug-Crashstrukturen", Ph.D. dissertation, Universität Hannover, Fachbereich Maschinenbau, 2002.

[164]  W. Abramowicz and N. Jones, "Dynamic axial crushing of circular tubes", *International Journal of Impact Engineering*, no. 2, pp. 263–281, 1984.

[165]  W. Abramowicz and N. Jones, "Dynamic progressive buckling of circular and square tubes", *International Journal of Impact Engineering*, no. 3, pp. 243–270, 1986.

[166]  D. A. Galib and A. Limam, "Experimental and numerical investigation of static and dynamic axial crushing of circular aluminum tubes", *Thin-Walled Structures*, vol. 42, no. 8, pp. 1103–1137, 2004.

[167]  N. Sailer, "Entwicklung und Umsetzung eines Prüfstands für den Proof of Concept eines Sicherheitskonzepts an sensorintegrierten Faserverbundkomponenten", M.S. thesis, Hochschule Darmstadt, Robert Bosch GmbH, Feb. 2019.

[168]  C. Hammerschmidt, "Automobilen droht der Nerveninfarkt", *VDI Nachrichten: Technik, Automobilelektrik*, Aug. 2018.

[169]  W. Pester, "Das unterschätzte Übergewicht der Premiumautos", *PS Welt. Elektronik*, Mar. 2015.

[170]  L. Klein, A. Kugler, and D. Schönfeld, "Verfahren zum Anordnen einer Anzahl von mikromechanischem Beschleunigungssensoren auf oder in ein Kunststoffbauteil und entsprechendes Kunststoffbauteil", German, pat. DE 10 2016 220 068 A1, Oct. 2016.

[171]  L. Klein, A. Kugler, and D. Schönfeld, "Method for arranging a number of micromechanical acceleration sensors on or in a plastic component, and corresponding plastic component", English, pat. WO 2018 069066 A1, CN 109844543 A, Sep. 2017.

[172] L. Klein, "Faserverbundbauteil, Verwendung des Faserverbundbauteils, diverse Verfahren", German, pat. DE 10 2018 22 012 A1, Dec. 2018.

[173] L. Klein, "Verfahren zur Herstellung eines Faserverbundbauteils und Faserverbundbauteil", German, pat. DE 10 2018 221 009 A1, 2018.

[174] L. Klein, "Method for producing a fiber composite component, and fiber composite component", English, pat. WO 2020/1 15055 A1, Nov. 2020.

[175] L. Klein, "Fiber composite component, use of the fiber composite component, and diverse method", English, pat. WO 2020/1 15057 A1, Nov. 2020.

[176] L. Klein, "Verfahren zur Prüfung eines Faserverbundbauteils, Vorrichtung, Computerprogramm und maschinenlesbares Speichermedium", German, pat. DE 10 2019 210 166 A1, Dec. 2018.

[177] L. Klein, "Herstellungsverfahren für ein Faserverbundbauteil, Faserverbundbauteil, Prüfverfahren für ein Faserverbundbauteil, Computerprogramm, maschinenlesbares Speichermedium und Vorrichtung", German, pat. DE10 2019 210 171 A1, Jul. 2019.

[178] L. Klein, "Method and Apparatus for Testing Fiber Composite Parts", English, pat. CN 111272646 A, Dec. 2019.

[179] L. Klein, "Method for testing a composite fiber component, composite fiber component, testing method for a composite fiber component, computer program, machine-readable storage medium, and apparatus", English, pat. WO 2020/1 15056 A1, Nov. 2020.

[180] L. Klein, "Method for testing a fiber-reinforced composite component, device, computer program and machine-readable storage medium", English, pat. WO 2021/004851 A1, US 2020/0182740 AA, KR 20190159057, JP 20190219489, Dec. 2019.

[181] L. Klein, "Production method for a fiber composite component, fiber composite component, testing method for a fiber composite component, computer program, machine-readable storage medium, and device", English, pat. US 2021/0010940 A11, Jul. 2020.

[182] L. Klein, "Methods of manufacturing and testing of fiber composite parts and fiber composite component", English, pat. JP 2021014117 A2, CN 112213470 A, Jul. 2020.

[183] L. Klein, "Manufacturing methods for fiber composite parts, fiber composite parts, inspection methods for fiber composite parts, computer programs, machine-readable storage media and devices", English, pat. JP 020091290, Jul. 2020.

[184] F. Güth *et al.*, "Autonomous Robots and the Internet of Things in Underground Mining. Project: ARIDuA", in *Smart Systems Integration 2018*, Dresden, Apr. 2018.

[185] *Flexible Circuit Materials. Pyralux FR Coverlay. Flexible Composites. Technical Information*, DuPont Electronic Materials, 2010.

[186] *EPO-TEK H20S. Technical Datasheet. Electrically Conductive, Silver Epoxy for Die Stamping*, Epoxy Technology Inc., 2011.

[187] N. C. Corporation, *Epoxy Resins for Semiconductor Sealing: Flip Chip Liquid Underfill Agent for Side Fill T693/R3000 Series*, Sep. 2020.

[188] *Datasheet (according to EN 13473-1). SAP-Material-No. 30003429. Textile structure 7001382. SAERtow*, SAERTEX GmbH und Co. KG, Saerbeck.

[189] *Technical Datasheet No. CFA-005. Toraycu T700S*, Toray Carbon Fibers America Inc., Santa Ana CA, USA.

[190] *Texindustria Multiaxial Data Sheet EQX 850. SAATI S.p.A. Composites*, SAATI S.p.A. Composites, Appiano Gentile, Italien, Sep. 2009.

[191] *Baxxodur System 5400. Technical Datasheet*, BASF SE, Ludwigshafen, Mar. 2013.

[192] J. Schwarz and H. Bruderer Enzler, *Wilcoxon-Test (online)*, 2016.

[193] L. Sachs, *Statistische Methoden. Planung und Auswertung.* Berlin: Springer, 1993.

[194] R. Looser, *Statistische Messdatenauswertung.* Franzis, 2003.

# Abbildungsverzeichnis

# Tabellenverzeichnis

134

# Anhang

## A    Werkstoffe und Prozessparameter

Der flexible Schaltungsträger des Sensordevices wird mit der bereits aufgebrachten Leiterbildstruktur und der Abdeckfolie bezogen. Das Leiterbild ist über eine einseitige Kupferkaschierung photochemisch aufgedruckt. Das Trägersubstrat ist die Hochleistungsfolie Kapton® FPC (DuPont, USA) (Tabelle A.1) [134]. Die Abdeckfolie ist das Komposit Pyralux FR® (DuPont, Wilmington, USA) [185].

Der für die Kontaktierung des Sensormoduls verwendete ICA ist der Epotech H20S® (Epoxy Technology INC, USA), ein Epoxidklebstoff mit Silberpartikeln als Füllmaterial [186]. Als Flüssigunderfill dient der epoxidharzbasierte LSE T693/R3001® (Nagase Chemtex Corp., Japan) [187]. Die Aushärtung des ICAs und des Underfills erfolgt schritt-weise in einem Wärmeschrank (Memert, Deutschland) bei 120 °C und 140 °C für 50 min.

Die Proben für die Analyse der Struktureigenschaften sowie die Demonstratoren für die Analyse der Funktionseigenschaften und für die Untersuchung zur Crashsensierung wurden aus Strukturen aus Carbonfaserverbundkunststoff entnommen. Sie sind aus dem Carbongelege Saertow® 7001382 (SAERTEX, Deutschland) (Tabelle A.2) [188]. Das Gelege hat senkrecht zueinander ausgerichtete Doppellagen mit einer Trikotbindung, das Flächengewicht beträgt 302 $\frac{g}{m^2}$. Der Fasertyp ist Torayca T700 SC 50C 12K® (Toray International Europe, Deutschland) [189]. Die Faser ist mit einer Schlichte auf Polyurethanbasis bespickt.

Die Demonstratoren der Untersuchung zur Zustandsdetektion wurden aus Strukturen aus Glasfaserverbundkunststoff entnommen. Sie sind aus dem Faserhalbzeug Texindustria® EQX 850 (Saati S.p.A, Italien) (Tabelle A.3) [190]. Dies ist ein Quadraxialgelege mit der Faserausrichtung [0°/-45°/90°/45°], das Flächengewicht beträgt 850 $\frac{g}{m^2}$. Die Fasern sind 300 Tex und 600 Tex E-Glasfasern.

Als Polymermatrix wurde für alle Probekörper und Demonstratoren ein niederviskoses Epoxidharzsystem aus dem Reaktionsharz Baxxores ER 5400® und dem Härter Baxxodur EC 5440® (BASF SE, Deutschland) eingesetzt (Tabelle A.4) [191]. Das Mischungsverhältnis von Harz zu Härter beträgt 100/28. Das Harzsystem besitzt bei 25 °C eine Mi-schungsviskosität von 200-260 mPa·s.

Die Prozessparameter bei der Herstellung der integrierten Strukturen im RTM-Verfahren sind in Tabelle A.5 erfasst.

| Kennwert | Wert |
|---|---|
| Dichte $[\frac{g}{cm^3}]$ | 1,42 |
| Zugfestigkeit [MPa] | 234 |
| E-Modul [MPa] | 28.000 |
| Linearer Wärmeausdehnungskoeff. $[10^{-6} \frac{1}{K}]$ | 20 |
| Dimensionsstabilität [%], 30 min bei 150 °C | 0,03 |
| Glasübergangstemperatur [°C] | 360–410 |
| Wärmeleitfähigkeit $[\frac{W}{mK}]$ | 0,12 |
| Elektrische Durchschlagsfestigkeit $[\frac{kV}{mm}]$, 23 °C | 154 |
| Spez. elektrischer Durchgangswiderstand $[\Omega \cdot \frac{mm^2}{m}]$, 23 °C | $1 \cdot 10^{15}$ |
| Dielektrische Konstante [1 kHz], 23 °C | 3,5 |

Tabelle A.1: Eigenschaften Flexfoliensubstrat Kapton® FPC [134]

| Lagenaufbau | Flächengewicht $[\frac{g}{m^2}]$ | Toleranz $\pm$ | Material |
|---|---|---|---|
| -45° | 149 | 5% | T700SC 50C 12K |
| 45° | 149 | 5% | T700SC 50C 12K |
| Bindung | 4 | 1 $\frac{g}{m^2}$ | PES 48 detex SC |

Tabelle A.2: Eigenschaften Faserhalbzeug Saertow® 7001382 [188]

| Lagenaufbau | Flächengewicht $[\frac{g}{m^2}]$ | Toleranz $\pm$ | Material |
|---|---|---|---|
| 0° | 236 | 5% | 600 Tex E-Glass |
| -45° | 200 | 5% | 300 Tex E-Glass |
| 90° | 212 | 5% | 600 Tex E-Glass |
| +45° | 200 | 5% | 300 Tex E-Glass |
| Bindung | - | - | - |

Tabelle A.3: Eigenschaften Faserhalbzeug Texindustria® EQX 850 [190]

| Kennwert | Wert |
|---|---|
| Dichte $[\frac{g}{cm^3}]$, ER 5400 | 1,15 |
| Dichte $[\frac{g}{cm^3}]$, EC 5440 | 0,941 |
| Zugfestigkeit [MPa] | 68 |
| E-Modul [MPa] | 3.100 |
| Biegefestigkeit [MPa] | 107 |
| Biegemodul [MPa] | 3.100 |
| Bruchdehnung [%] | 7,5 |
| Glasübergangstemperatur [°C], 15 h Aushärtung bei 60–70 °C | 70–83 |
| Wärmeformbeständigkeit HDT [°C] | 72 |
| Viskosität [mPa·s], 25 °C, ER 5400 | 960 |
| Viskosität [mPa·s], 25 °C, EC 5440 | 10 |
| Mischviskosität [mPa·s], 25 °C | 205 |

*Harz: Baxxores ER 5400, Härter: Baxxodur EC 5440, Mischungsverhältnis: 28±1 pbw*

Tabelle A.4: Eigenschaften Epoxidharzsystem Baxxodur System 5400® [191]

| Parameter | Wert |
|---|---|
| Mischungsverhältnis Harz/Härter [pbw] | 28±1 |
| Injektionstemperatur des Harzes [°C] | 23 |
| Mischviskosität des Harzes bei der Injektion [mPa·s] | 200–260 |
| Werkzeugtemperatur bei der Harzinjektion [°C] | 40 |
| Aushärtetemperatur [°C] | 60 |
| Aushärteszeit [h] | 20 |

Tabelle A.5: Prozessparameter der Herstellung der FVK-Strukturen mit dem RTM

## B  Simulationsmodel der Modalanalyse

Die Modalanalyse erfolgt mittels der Finite-Elemente-Methode (FEM). Das numerische Modell ist in Abbildung B.1 dargestellt. Es entspricht im Wesentlichen der Geometrie des Demonstrators im Versuch der Impulsprüfung. Das integrierte Sensormodul wird im FE-Modell nicht explizit abgebildet. Die Vernetzung erfolgt mit Solid-3D-Hex-Element. Die Materialeigenschaften des Demonstrators werden orthotrop linear-elastisch angenommen. Der geschädigte Bereich in der Strukturplatte wird vereinfacht durch ein Loch mit einem vergleichbaren Radius zur realen Schädigung modelliert. Die Randbedingungen des Simulationsmodells sind an den Versuchsbedingungen orientiert.

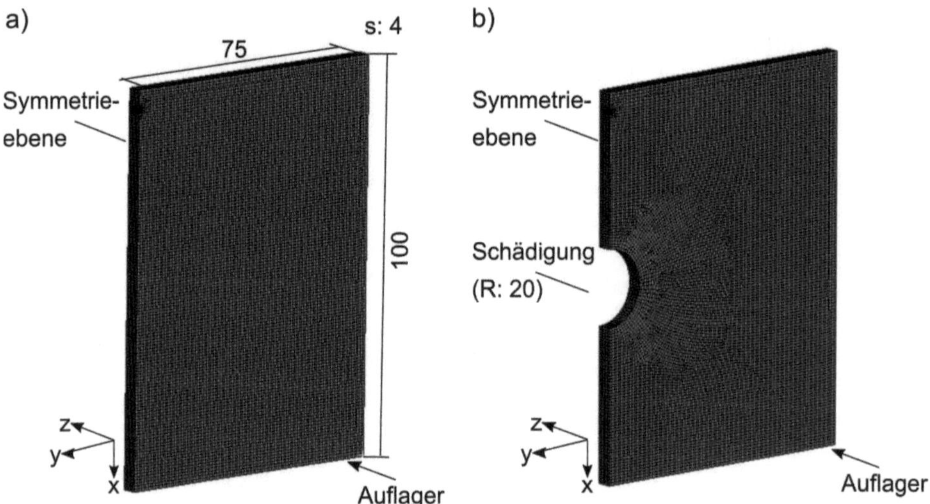


Abbildung B.1: Numerisches Modell des Demonstrators der Modalanalyse

*a): Ungeschädigter Demonstrator, b): Geschädigter Demonstrator*
*Analyseverfahren: Modalanalyse (Finite-Elemente-Methode), Maßangaben in mm*
Das numerische Modell der Modalanalyse entspricht im Wesentlichen der Geometrie des Demonstrators a). Es ist durch Solid-3D-Hex-Elemente diskretisiert. Die Schädigung ist durch ein Loch mit einem vergleichbaren Radius zur realen Schädigung modelliert b). Die Randbedingungen des Simulationsmodells orientieren sich an den Versuchsbedingungen.

## C  Statistische Signifikanzbewertung

Den Analysen der Struktureigenschaften und der Funktionseigenschaften der integrierten Struktur liegen statistische Tests zugrunde. Die Tests bewerten die Signifikanz von Merkmalen, die bei den Analysen auftretenden. Dabei ist evident, dass bei den Untersuchungen keine echten Zufallsstichproben vorliegen. Es wird aber angenommen, dass die vorliegenden Probenkollektive für den betrachteten Zusammenhang nicht untypisch sind. Damit gelten die berechneten Signifikanzniveaus als formalisierte Datenbeschreibung. Bei den statistischen Tests werden die Proben der Untersuchungen als Stichprobe einer Grundgesamtheit aufgefasst.

Als Ausgangspunkt werden für die Analysen quantitativ erfassbare Zielgrößen festgelegt, deren Merkmalsausprägungen bei der integrierten Struktur bewertet werden. Die statistischen Signifikanztests prüfen, ob sich die Differenzen und die zentralen Tendenzen vor und nach einer Behandlung signifikant unterscheiden [192]. Die *Behandlung* wird je nach Analyse unterschiedlich verstanden.

Bei der **Analyse der Struktureigenschaften** gilt als Behandlung das Einbringen des Sensordevices in die Faserverbundstruktur. Die Messwerte *vor der Behandlung* entstammen den Prüfungen der einfachen Struktur ohne ein integriertes Sensordevice. Die Messwerte *nach der Behandlung* entstammen den Prüfungen der integrierten Struktur.

Bei der **Analyse der Funktionseigenschaften** wird die Behandlung je nach Prüfgruppe unterschiedlich aufgefasst. Beim dynamischen Funktionstest betrifft der Zustand *nach der Behandlung* das Sensordevice, das als Behandlung in die FVK-Struktur eingebracht wurde. *Vor der Behandlung* ist somit das einfache, nicht integrierte Sensormodul. Bei der Umweltprüfung liegt der Zustand *nach der Behandlung* vor, nachdem auf die integrierte Struktur eine Umweltlast aufgebracht wurde.

Die Analysen beruhen auf der Frage, ob sich die Nullhypothese „kein Behandlungseffekt" auf einem Signifikanzniveau von 5 % sichern lässt [193]. Dazu wird bei jeder Untersuchung der Signifikanzwert (P-Wert) als das kleinste nominelle Signifikanzniveau berechnet, mit dem die Nullhypothese abgelehnt werden kann. Aufgrund der relativ kleinen Probenumfänge werden für die Analysen nichtparametrische

Signifikanztests angewendet. Diese verwenden Verteilungshypothesen, die auf den Stichproben selbst basieren. Sie sind daher weniger empfindlich gegenüber Extremwerten und nicht normalverteilten Daten [152]. Die statistischen Entscheidungen sind damit konservativer [194]. Welcher der nichtparametrischen Signifikanztests verwendet wird, hängt von der Art der Betrachtung der Stichprobe ab. Der Vergleich der Messergebnisse von Proben, die voneinander unabhängig sind, wird mit dem Mann-Whitney-U-Test [152] bewertet. Der Vergleich der Messergebnisse von Proben, die voneinander abhängig sind und eine gepaarte Grundgesamtheit bilden, wurde mit dem Wilcoxon-Vorzeichen-Rang-Test [152] oder dem Paardifferenzentest [152] bewertet. Die beiden Tests basieren auf Messwiederholungen an der gleichen Probe vor und nach einer Behandlung [192]. Sofern die Differenz zwischen den Messergebnissen sachlich objektiv mit einer erwarteten Richtung begründbar ist, erfolgt eine einseitige Fragestellung. Ist die Richtung für die beobachtete Differenz nicht relevant, wird eine zweiseitige Fragestellung verwendet.

Bei den Analysen ist die Signifikanz eines Merkmals mit der dreistufigen Sternsymbolik nach [152] gekennzeichnet: [*], falls viel gegen die Nullhypothese spricht $(5\,\% > P > 1\,\%)$. [**], falls sehr viele gegen die Nullhypothese spricht $(1\,\% > P > 0{,}1\,\%)$. [***], falls fast alles gegen die Nullhypothese spricht $(P < 0{,}1\,\%)$.